纺织服装高等教育“十三五”部委级规划教材
东华大学服装设计专业核心系列教材

刘晓刚　主编

服装材料设计

第2版

王革辉　编著

東華大學出版社
·上海·

图书在版编目(CIP)数据

服装材料设计/王革辉编著. —2版. —上海:东华大学出版社,2016.5

ISBN 978-7-5669-1038-7

Ⅰ.①服… Ⅱ.①王… Ⅲ.①服装—材料—设计
Ⅳ.①TS941.45

中国版本图书馆CIP数据核字(2016)第071799号

责任编辑 徐建红
封面设计 高秀静

服装材料设计(第2版)
FUZHUANG CAILIAO SHEJI

王革辉 编著

出　　版:东华大学出版社(地址:上海市延安西路1882号 邮政编码:200051)
本社网址:http://www.dhupress.net
天猫旗舰店:http://dhdx.tmall.com
营销中心:021-62193056 62373056 62379558
印　　刷:上海颛辉印刷厂有限公司
开　　本:787 mm×1092 mm 1/16
印　　张:10.75
字　　数:300千字
版　　次:2016年5月第2版 2022年7月第6次印刷
书　　号:ISBN 978-7-5669-1038-7
定　　价:49.00元

目 录

第一章

绪　论

服装材料是构成服装的物质基础,是体现服装设计师设计意图的实物载体。随着科技的进步和人们生活水平的不断提高,新的服装材料不断涌现。服装设计师仅有色彩和造型设计的能力还不够,还必须熟悉服装材料的性能特点,这样才能设计出符合预期效果并具备良好服用性能的服装来。

本教材将从服装设计师应该具备的服装材料学知识的角度来阐述各种服装面料和辅料的特点,并希望学生通过本课程的学习,对一些经典品种的服装材料的性能和应用有很好的把握,能够知其然并且知其所以然,进而能够根据这些基本知识去认识不断出现的新的服装材料的性能特点,根据特定服装的具体要求合理选用材料或提出自己对材料的要求,甚至开发所需的新型服装材料。

一、服装材料的有关基本概念

(一) 服装材料

服装材料是构成服装所用的所有材料的统称,包括服装面料和服装辅料。

(二) 服装面料

服装面料指的是服装表面的主体材料。常用的服装面料有纺织服装面料(机织物、针织物、非织造布、编结物)和非纺织服装面料(毛皮和皮革)等。

1. 机织物

机织物是用两组纱线(经纱和纬纱)互相垂直交织成的片状纺织品,又称梭织物。它又可按纤维原料、纱线类型、织物结构、颜色花型和后整理等的不同等区分为许多小类。机织物用作服装面料时就称为机织面料或梭织面料。机织面料一般强度高,尺寸稳定性好,比较硬挺,便于裁剪。

2. 针织物

针织物是用一组或多组纱线通过线圈相互串套的方法勾联成片的织物。它可以生产一定幅宽的坯布,也可以生产一定形状的成品件。按生产方式不同又分为纬编针织物和经编针织物两类。针织物用作服装面料时就称为针织面料。近年来,针织面料在服装中的应用越来越多。针织面料手感柔软,透气性好,延伸性好,弹性好,抗皱性好,贴身穿着的舒适性和运动舒适性都好,但强度、形态稳定性不及机织面料,且裁剪比较困难。

3. 非织造布

非织造布是一类不经过传统的纺纱、机织或针织工艺过程,由纤维层经过机械或化学方法的加固而形成的纺织品。非织造布生产效率高,生产成本低,因此价格便宜。但非织造布外观变化较少,肌理效果不如机织面料和针织面料丰富多样,强度不及机织面料和针织面料,耐磨性差,悬垂性差,所以在服装面料中用得较少,主要用作服装粘合衬的基布和一些"用即弃"服装的面料,如手术服等。

4. 编结物

编结物是用一组或多组纱线通过打结的方法形成的片状织物。

5. 毛皮

毛皮又称裘皮,是经过鞣制的动物毛皮,由皮板和毛被组成。毛皮通常给人高贵、温暖的印象,是高档的服装材料。

6. 皮革

皮革是经过加工处理的光面或绒面动物皮板。较厚的皮革手感比较硬挺,适合制作硬朗风格的服装;薄而柔软的皮革兼具潇洒和温柔的特质,适合制作温婉而洒脱的女装。

7. 纤维

纤维是一类非常纤细的材料。服装用纤维是具有一定强度、韧性和可纺性的纤维。服装用纤维是加工纺织服装材料的原料。纤维有很多种类,且性能各异。

8. 纱线

纱线是一类由纤维构成的又细又长的材料。机织面料、针织面料和编结物都是用纱线织成的。纱线有很多种类,分别具有不同的外观和强度等特点。

(三) 服装辅料

服装辅料是除面料之外的其他所有的服装材料,包括里料、衬料、絮填料、垫肩、缝纫线、花边、纽扣、拉链、绳、带、钩、袢等。服装辅料是构成服装的辅助材料,但对于实现服装设计意图也有重要的作用,不能忽视。

1. 里料

里料是服装最里层用来部分或全部覆盖服装里面接缝,使服装里面光滑、美观、穿脱方便、增加保暖性的材料。里料多为机织物或针织物。

2. 衬料

衬料是介于面料与里料之间起支撑作用的服装材料。

3. 絮填料

絮填料是介于面料与里料之间起隔热作用的服装材料。

二、服装材料与服装设计的关系

服装是艺术和技术的结合体,一个成功的服装产品是材质、款式、色彩、结构和制作工艺的上佳组合。众所周知,设计、材料、工艺是构成服装的三大要素,设计包括款式设计和色彩设计,材料包括面料和辅料,工艺包括结构与制作,其中,款式、色彩、面料是构成服装设计的三大要素,而色彩又依附于面料,服装的款式造型也需要服装面料和辅料的配合才能得以体现。因此,对服装设计师来说,对于服装材料的正确理解和恰当运用是非常重要的。

(一) 服装材料在服装设计中的作用

服装材料是体现服装设计师设计意图的实物载体,在服装设计中起着非常重要的作用。首先,独特的服装材料本身就可以成为整个服装设计的核心要点。例如,在著名日本服装设计大师三宅一生的服装设计中,对于皱褶面料出神入化的使用成为其设计风格的一个突出特点。其次,服装材料的质地是实现服装造型设计意图的决定性因素。例如,一个比较硬挺且塑型能力好的羊毛精纺面料,如驼丝锦,就容易塑造出经典西服所要求的挺括、圆润和饱满的造型效果;一个轻薄而悬垂性好的面料,如真丝绡、顺纡绉等,也很容易塑造经典的女性晚礼服所要求的那种温柔浪漫的流线型、具有飘逸感的造型效果;一个厚实而硬挺的面料,如马裤呢或厚卡其,比较容易塑造像猎装等所需要的充满男子汉气概的粗犷、硬朗的造型效果。缝纫线、拉链、纽扣、花边等在服装的局部造型中也都可以发挥很大的作用。再次,服装材料的色彩和图案对于实现服装设计师的设计意图也有很大作用。最后,服装材料能够激发或制约服装设计师的思维。例如,一个有特殊肌理效果或色彩效果的面料可能引起服装设计师的某种联想,从而触发设计师的设计灵感;一个新颖的材料也可能触发设计师的设计灵感。

(二) 选择服装材料的原则

服装设计师在选择服装材料时会有所侧重,根据所设计服装的市场定位遵循不同的原则,主要有成本原则、货期原则、质量原则和流行原则等。

在大多数情况下,服装设计师所设计的服装都是以出售为目的的。一款服装的热销,表明其设计的成功,相反则说明其设计在一定意义上是失败的。一款服装能否热销,关键的一点是看它是否符合目标消费者的需求。不同的消费者对服装的需求是不同的。对追求价廉物美的消费者而言,设计师在选择服装材料时,必须要在保证一定的品质情况下选择价格较低的材料,以降低成本而提高利润。而服装是有流行周期的,在其流行期内,售价往往比较高,而一旦过了流行期,则又往往需要折价出售,所以,在选择服装材料时,需要对材料的供货期有很好的把控。

对一些消费者，服装的品质是他们的首要关注点，这时对服装材料品质也就是非常重要的考察点。而对一些消费者，流行与否是他们的首要关注点，这时，服装材料的颜色、图案、肌理等是否符合流行趋势就显得非常重要。

三、决定纺织服装面料性能的四大因素

服装面料在服装设计中占有突出地位，而纺织服装面料占其中的绝大部分。纺织服装面料中的大部分是机织物和针织物。除了牛仔服装的生产之外，其他服装的生产一般采用的都是成品面料。大多数的纺织服装面料的生产流程如下：由纤维纺成纱线，再由纱线按一定的结构织成机织或针织的坯织物，坯织物再经过染整加工，最后得到用于制作服装的成品面料。因此，影响纺织服装面料性能的四大因素是：纤维原料、纱线结构、织物结构和织物染整工艺。

(一) 纤维原料

纤维是面料性能的基础，对面料的多种性能有影响。例如，用吸湿性好的纤维生产的面料，贴身穿着时不易产生闷热感，在干燥环境里也不容易产生静电；用弹性好的纤维生产的面料（羊毛面料、涤纶面料等）抗皱性好，用弹性差的纤维生产的面料（纯棉面料、苎麻面料等）抗皱性差；普通涤纶纤维的染色性差，涤纶面料需要在高温高压条件下用分散染料染色；普通合成纤维面料都具有抗熔孔性差的缺点，遇到小火星也会烧出小洞；涤纶和锦纶纤维的强度很好，涤纶和锦纶面料都很牢，耐磨性很好；羊毛、蚕丝面料在储存过程中容易虫蛀，纯棉面料在储存过程中容易发霉；羊毛纤维具有缩绒性，羊毛衫、羊毛粗纺面料在洗涤时容易发生毡缩（长度、宽度缩小，厚度增加）；氨纶纤维有很好的延伸性和弹性，可以加工弹力面料；合成纤维具有热塑性，可以对合成纤维面料进行热定型，形成永久的平整外观或褶裥以及其他皱褶。

(二) 纱线结构

纱线结构包括纱线的细度和捻度等方面，纱线结构影响纱线的外观和强度等性能，进而影响面料的外观和强度等性能。例如，普通的长丝纱一般比较光洁而明亮，短纤纱表面有毛羽，短纤纱不及长丝纱细度均匀，因此，普通的长丝纱面料手感光滑、光泽比较明亮，短纤纱面料手感比较丰满、光泽度不高，普通的长丝纱面料表面更加平整匀净；强捻纱面料表面会呈现绉纹效应，手感爽利；花式纱线织物表面呈现各种不同的表面肌理效果。圈圈纱织成的面料表面有毛圈，织物手感柔软和丰满，不同大小的圈圈给人的感觉也有所不同。

(三) 织物结构

机织物、针织物和非织造布在结构上有很大的不同，即使同类织物中，也有多种不同织物组织，纱线排列的紧密程度也可以不同。例如：(1)针织物是由线圈相互串套形成的，而机织物是由经纱和纬纱相互垂直交织而成的，这就决定了在纱线相同的情况下，针织物比机织物的延伸性好，针织物更容易变形，手感更柔软，尺寸稳定性差，透气性更好，但强度较低，容易钩丝和起毛起球，容易脱散等。(2)用同样的纱线加工的针织物，罗纹组织的织物与平针组织的织物相比，不但外观上明显不同，罗纹织物有纵向条纹，平针织物外观平整，而且罗纹织物比平针织物的横向延伸性更大，弹性更好。(3)用同样的纱线加工的机织物，平纹组织的织物和斜纹组织的织物在外观和服用性能上都有明显的不同。

(四) 织物染整工艺

织物染整工艺对织物的外观和性能也有很大的影响。在新型面料开发方面，新型染整工艺

的开发起着关键的作用。例如:(1)同样是染色,采用扎染工艺和蜡染工艺进行染色,两者所染出的效果截然不同。(2)对于同样的坯布,采用柔软整理和硬挺整理,所得到的织物手感有天壤之别,前者手感柔软,后者手感硬挺。(3)同样是棉织物,不经过树脂整理的棉织物很容易皱,而经过树脂整理的棉织物,抗皱性有明显的提高,而且洗后基本不需熨烫,洗可穿性明显提高。(4)经过防紫外线整理,可以使织物具有防紫外线功能;经过防水整理,可以使织物具有防雨功能,并使织物透气性大大降低;经过阻燃整理,可以使织物具有阻燃功能;经过防油整理,可以使织物具有防油功能;经过抗菌整理,可以使织物具有抗菌功能;经过防电磁辐射整理,可以使织物具有防电磁辐射的功能。

四、服装材料的发展趋势

随着人们生活方式的转变,随着空调的普遍使用和气候变暖,随着人们对健康和生活品质要求的提高,随着人们环保意识的日益增强等,人们对服装材料的要求与过去相比有了较大的变化。

近几年,服装材料的发展趋势主要有以下几个特点:

(一) 增强美观性

近年来,人们对服装材料的牢度特性要求有所降低,对其美学特性的要求提高。在二十世纪六七十年代,曾流行着这样的说法:“新三年,旧三年,缝缝补补又三年”。当时提高织物的牢度是纺织界最关注的课题。随着纺织技术的进步和生活水平的提高,目前,正常工艺生产的织物的强度足够满足通常的服用要求,而且一件服装被丢弃,往往不是因为服装破损,而是因为服装的颜色、图案或款式不再流行的缘故。因此,在服装面料的设计中,目前人们会更多地考虑面料的肌理效果,面料的色彩和图案。

(二) 强调舒适性

随着生活水平的提高,人们对服装舒适性的要求越来越高。而服装的舒适性既与服装款式有关,也与服装材料本身的舒适性有很大的关系,特别是夏季服装和贴身穿着的服装,服装材料本身的舒适性对服装舒适性的影响更明显。例如,Coolmax 等新型纤维及其面料的开发都是以提高服装的排汗能力、提高夏季服装面料的舒适性为着眼点。又例如,用氨纶等弹力纤维开发的弹力面料受到消费者的普遍欢迎,在服装面料中得到了日益广泛的应用,其原因就在于弹力面料能增加人体活动时的服装舒适性,使紧身的或合体的服装不再妨碍人体的活动,增加了舒适度。

(三) 倡导易护理性

现在,人们的生活节奏越来越快,人们不希望把大量的时间和精力花费在熨烫等服装护理上。而很多天然纤维面料,有很好的舒适性和其他方面良好的服用性能,但往往洗可穿性能差,洗后需要熨烫,存放时容易发霉或虫蛀。像形态记忆整理面料、机可洗羊毛面料、防蛀羊毛面料等的开发和流行,都是源于提高服装的易护理性。

(四) 主张轻薄化

随着纺纱技术的提高和人们对服装舒适性的要求日益提高,人们希望穿着的服装轻便舒适,便于活动。无论是衬衫面料、西服面料,还是大衣面料,近二十年来,织物都延续着轻薄化的趋势。例如,纯棉衬衫面料的纱线细到 300 英支,织物外观细腻,手感柔软,丝绸感强。

(五) 突出功能性

随着人类活动范围的扩大、新型产业的出现、技术的进步和对人类自身保护意识的提高,人们对服装的一些特殊功能越来越重视，对功能性服装面料的开发成为提高服装和服装面料附加值的重要手段。例如，防静电面料、防水面料、防紫外线面料、防火（阻燃）面料、防电磁辐射面料等的开发。

（六）提倡保健性

健康始终是人们永恒的追求，当今的人们也不例外。具有保健功能的服装和服装面料受到人们的追捧，各种抗菌面料和远红外保暖内衣面料等也都受到消费者的青睐。

（七）加强安全性

随着各种功能整理及合成染料的广泛应用，一些整理剂和染料对人体的毒性逐渐为人们所认识，很多国家都对服装材料中所含有的一些有毒有害物质的使用有严格的限制，使得服装材料的生产商也越来越重视。例如，目前很多国家对服装面料中甲醛含量都有限制，对服装面料中有致癌作用的某些分散染料、偶氮染料等也都有限制，以及对拉链、纽扣等辅料中所含有的镉等重金属含量也都有限制。

（八）推行环保性

人们日益认识到环境对人类生存的重要性，对环境友好和坚持可持续发展越来越成为世人的共识。而纺织业和毛皮加工业都用到很多化学品，若不注意，很容易对环境造成污染。例如，粘胶纤维的生产过程对环境污染就很大，人们发明了 Lyocell 纤维来替代粘胶纤维。纱线和织物染色的传统工艺中，都需要用多种化学品，生产过程中会产生大量污水，若处理不好，很容易造成环境污染；织物印花和整理过程中也存在相同的问题。因此，人们发明新型的染色、印花和整理工艺来降低对环境的污染。例如，织物酶处理工艺具有对环境友好的特点，在面料生产中越来越受到广泛应用。

五、服装材料学研究的内容

服装材料学是研究服装材料的一门学科，主要包括服装用纤维、纱线、织物、毛皮、皮革和服装辅料。服装材料学涉及纺织材料学、纺织工艺学、毛皮和皮革加工、服装舒适性和服装设计等多个领域，知识体系比较庞杂。

本章小结

本章主要概述了服装材料的有关基本概念、服装材料与服装设计的关系、决定纺织服装面料性能的四大因素、服装材料的发展趋势和服装材料学研究的内容。

思考与练习

1. 选春夏秋冬四季服装各五件，分析并列出其所用到的服装材料。

2. 纺织服装面料的性能由哪些因素决定？采用环保型纤维加工的面料是否一定就是环保面料？

第二章

纤　维

纤维是构成服装材料的主要原料。对于纺织服装面料而言，纤维是基础，影响纺织服装面料的多项性能。了解并掌握纤维的种类、性能及其对服装外观与品质的影响，可以在服装设计中更加科学、合理地运用各种纤维原料的服装材料。

第一节　纤维的分类

凡是直径数微米到数十微米或略粗些，长度比直径大千倍以上的纤细物质统称为纤维。服装用纤维种类繁多，性能不尽相同，为了更好地认识这些纤维，需要对纤维进行分类。

一、按来源分类

纤维按来源分为天然纤维和化学纤维两大类。

天然纤维：来自自然界，可直接用于纺织的纤维。

化学纤维：以天然或人工合成的高聚物为原料，经纺丝加工制成的纤维。简称化纤。

(一) 天然纤维

天然纤维根据来源又可分为植物纤维、动物纤维和矿物纤维(石棉)。

服装上常用的植物纤维主要有：棉、苎麻、亚麻、罗布麻和大麻。植物纤维的组成物质主要是纤维素。

服装上常用的动物纤维主要有：蚕丝、羊毛、羊绒、兔毛、马海毛、驼毛、驼绒、牦牛毛、羊驼毛、骆马毛等。动物纤维的组成物质主要是蛋白质。

矿物纤维主要是石棉，其组成物质主要是无机的金属硅酸盐类。

(二) 化学纤维

化学纤维根据高聚物的来源不同可分为再生纤维(人造纤维)和合成纤维。

再生纤维：以天然高聚物(如木材、棉短绒、大豆等)为原料，经纺丝加工制成的纤维。又称人造纤维。

再生纤维根据化学组成又可分为再生纤维素纤维和再生蛋白质纤维。再生纤维素纤维主要有：粘胶纤维、富强纤维、铜氨纤维和莱奥赛纤维。再生蛋白质纤维主要有大豆纤维、牛奶纤维和玉米纤维。

合成纤维：以石油、煤和天然气等材料中的小分子物质为原料，经人工合成得到高聚物，再经纺丝制成的纤维。

合成纤维主要有：涤纶、锦纶、腈纶、丙纶、氨纶和维纶。合成纤维的中文名称有一个共同特点，即学名的第一个字都是“聚”，商品名称的最后一个字都是“纶”。合成纤维的英文名称有一个共同特点，即都含有相同的前缀“poly-”。

二、按纤维长度分类

纤维按长度可分为两大类：长丝和短纤维。

(一) 长丝

长丝是长度超过几十米或上百米的纤维。如蚕丝、涤纶长丝、锦纶长丝、丙纶长丝和粘胶长丝等。

常用的天然纤维中，蚕丝是唯一以长丝形态存在的纤维。

（二）短纤维

短纤维的长度一般较短，服装用短纤维的长度一般在十几毫米到几十厘米。

化纤可以根据需要加工成长丝和短纤维两种类型。化纤短纤维有三种类型：棉型纤维（长度在 51 mm 以下，细度 1.3 ~ 1.8 dtex）、毛型纤维（长度 64 ~ 114 mm，细度 3.3 ~ 5.5 dtex）和中长纤维（长度 51 ~ 76 mm，细度 2.2 ~ 3.3 dtex）。棉型纤维采用棉纺系统进行纺纱，用于加工棉混纺织物或纯化纤的仿棉织物；毛型纤维采用毛纺系统进行纺纱，用于加工与毛混纺的织物或纯化纤的仿毛织物；中长纤维采用中长纤维纺纱系统进行纺纱，多用于加工仿毛织物。

对于短纤维而言，纤维的长度是一个重要的指标，不仅影响其纺纱性能，而且影响纱线的品质。一般而言，短纤维的长度越长越好。纤维过短，不但纺纱困难，纺成的纱线也容易粗细不匀，纱线毛羽多、不光洁，而且难以纺制很细的纱线。

三、按功能分类

根据功能的不同，纤维可以分成普通纤维和功能纤维两类。

功能纤维根据其特有功能的不同，分为导电纤维、抗静电纤维、防紫外线纤维、抗菌纤维、阻燃纤维、耐高温纤维、高强高模量纤维、荧光纤维、夜光纤维和形状记忆纤维等，利用这些纤维可以加工有相应功能的面料。

（一）导电纤维

导电纤维是电导率大于 10^{-5} S/cm 的纤维。主要有金属纤维、碳纤维和有机导电纤维等品种。有机导电纤维具有质轻，弹性好，可挠性好，可洗涤，加工方便等优点。导电纤维主要应用于抗静电工作服、无菌服、无尘服和电磁屏蔽服等的服装原料。

（二）抗静电纤维

抗静电纤维是具有抗静电性能的合成纤维。主要有抗静电涤纶纤维和抗静电锦纶纤维。抗静电纤维在标准大气条件下的比电阻在 $10^8 \sim 10^{10}$ 欧姆·厘米之间。大多数的抗静电纤维在 30% 相对湿度的环境下会失去抗静电效果。

（三）抗紫外线纤维

抗紫外线纤维是具有抗紫外线破坏能力的纤维。用抗紫外线纤维可以加工抗紫外线面料，适用于夏季户外作业工作服等的原料。

（四）抗菌纤维

抗菌纤维是具有抑制或杀灭细菌及真菌功能的纤维。涤纶、锦纶、腈纶等都有抗菌纤维品种。抗菌纤维可用作袜子、内衣裤和运动服的原料。

（五）阻燃纤维

阻燃纤维是在火源撤离后能够快速自熄的一类纤维，其极限氧指数须大于 27。主要有芳纶 1313（如美国杜邦公司发明的诺梅克斯 Nomex）、阻燃涤纶纤维、阻燃锦纶纤维、阻燃腈纶纤维、阻燃维纶、氯纶纤维和阻燃粘胶纤维，可用于儿童和老人的睡衣、士兵的服装等的原料。

（六）耐高温纤维

耐高温纤维是在较长时间经受高温（例如 200℃以上）尚能基本保持其原有的物理机械性能的化学纤维。主要有芳纶 1313 纤维、芳纶 1414 纤维（如美国杜邦公司发明的凯夫拉 Kevlar）、

PBO 纤维(聚苯并双恶唑纤维)、PBI 纤维(聚苯并咪唑纤维)、PPS 纤维(聚苯硫醚纤维)、PTFE 纤维(聚四氟乙烯纤维)、石棉纤维、碳纤维和玻璃纤维等。芳纶 1313 纤维、芳纶 1414 纤维和 PBI 纤维是高性能防火服装的主要原料。

(七) 高强高模量纤维

高强高模量纤维是具有超高强度和超高模量的一类纤维。有机类的高强高模量纤维的强度通常高于 2.5 GPa,模量高于 55 GPa。主要有芳纶 1414 纤维、超高分子量聚乙烯纤维和 PBI 纤维。无机类的高强高模量纤维主要有碳纤维、氧化铝纤维等。高强高模量纤维中,在服装上应用最多的是芳纶 1414 纤维,作为防弹衣的原料。

(八) 荧光纤维

荧光纤维是将荧光化合物添加到纺丝液中纺制成的具有荧光性能的纤维。目前,荧光纤维主要有光致变色纤维和荧光防伪纤维。从纤维基质角度而言,有荧光涤纶纤维、荧光锦纶纤维、荧光丙纶纤维和荧光腈纶纤维等。

(九) 夜光纤维

夜光纤维是将蓄光材料添加到成纤聚合物中,并添加微量的激活剂进行共混,然后通过纺丝生产出的纤维,又称蓄光纤维。夜光纤维只要吸收任何可见光 10 分钟,便能够将光能蓄储在纤维中,在黑暗中持续发光 10 小时以上,并且可以无限次地重复使用。这类纤维具有夜晚安全性,可以用在对可见度要求高的服装上,如交警服装、野外作业服等。

(十) 形状记忆纤维

形状记忆纤维是一类能够记忆(回复到)原始形状的纤维。这类纤维第一次成型时,能记忆外界赋予的初始形状,定型后的纤维可以任意发生形变,并在较低的温度下将此形变固定下来(二次成型)或者是在外力的强迫下将此变形固定下来。当给予变形的纤维加热或水洗等外部刺激条件时,纤维可回复原始形状,也就是说最终的产品具有对纤维最初形状记忆的功能。

可以将形状记忆纤维运用到织物上做成服装,服装就具有了某种记忆功能而变得智能化。例如一英国防护服装研究机构,应用形状记忆钛镍合金纤维制成防烫伤的服装。首先将形状记忆钛镍合金纤维加工成宝塔式螺旋弹簧状,然后再进一步加工成平面状,最后固定在服装面料内。当这种服装表面接触高温时,形状记忆纤维的形变被触发,纤维迅速由平面状变化成宝塔状,在两层织物内形成很大的空腔,使高温远离人体的皮肤,从而防止烫伤的发生。再如,意大利一纺织品公司利用形状记忆钛镍合金纤维开发出智能化衬衣。当穿着者所处的周围环境温度升高时,这种智能衬衣的袖子会自动卷起。而且这种衬衣还不怕起皱,即使揉成乱糟糟的一团,用电吹风一吹,马上就能复原。

四、按横截面分类

天然纤维的截面形状天然形成,各不相同。但化学纤维,特别是合成纤维的横截面可以通过喷丝孔的形状来控制。合成纤维根据纤维的横截面分为普通纤维和异形纤维。普通的合成纤维是通过圆形喷丝孔纺制的。异形纤维是通过非圆形喷丝孔纺制的,截面形状有中空、三叶形、米字形、三角形和十字形等。采用异形纤维可以改变合成纤维的光泽、强度、手感、保暖性和排汗性等性能。

第二节 纤维的结构特征

对于任何材料,总是结构决定着性能。纤维的结构包括微观结构和宏观结构,对纤维的性能都有影响。

一、纤维的微观结构

纤维的微观结构包括纤维大分子的化学组成和纤维大分子在空间排列和堆砌的特征。纤维大分子的化学组成对纤维的吸湿性、耐化学品性能、染色性能等起决定性作用。

例如纤维素纤维,由于大分子中含有极性基团羟基,纤维容易吸收水分,能够与染料分子发生化学反应而染色性能良好,容易被酸性物质破坏,但比较耐碱。

二、纤维的宏观结构

纤维的宏观结构主要指纤维的长度、细度和在显微镜下可观察到的横断面和纵向形态,以及纤维内部存在的各种缝隙和孔洞等,与纤维的光泽、导水性、可纺性、触感等关系密切。

(一) 纤维的长度

纤维的长度对纱线和织物的外观、强度和手感等都有影响。长丝织物容易达到轻薄、表面光滑和光泽明亮的效果;短纤维织物容易产生光泽柔和丰满的外观,触感一般比较温暖。

天然纤维中,蚕丝之外的其他纤维都是短纤维。

(二) 纤维的细度

纤维细度影响织物的外观和手感,对贴身衣物触感舒适性影响很大。纤维越细,手感越柔软,触感越舒适,而过粗的纤维可能引起刺痒感,如粗的羊毛织成的毛衣或羊毛衫,还有一些苎麻织物,都有可能有刺痒感。另外,纤维越细,光泽越柔和,织物肌理可以更加细腻,而粗的纤维,光泽更明亮,无光的粗纤维加工的面料手感硬挺、外观粗犷。

纤维细度的标准单位是分特(dtex)。一万米长的纤维在公定回潮率下重 1 克,称该纤维的细度为 1 分特。国际贸易中,羊毛的细度常用直径表示,单位为微米。在我国,羊毛的细度有时用品质支数表示,例如 66 支羊毛、70 支羊毛和 80 支羊毛等,且品质支数越高,羊毛越细。蚕丝和化学纤维的细度单位常采用旦尼尔,简称旦(D)。9 000 米长的纤维在公定回潮率下重 1 克,称该纤维的细度为 1 旦。

(三) 纤维在显微镜下的形态

在显微镜下观察纤维的纵向和横断面,可以发现不同的纤维其差异明显,如表 2-1 所示。纤维在显微镜下的形态影响纤维的光泽、导水性、表面摩擦性能、抱合性能和缩绒性等,同时可用于鉴别纤维。

表 2-1 常见纤维的纵横向形态

纤　维	纵向形态特征	横断面形态特征
棉	扁平带状，有天然转曲	腰圆形，有中腔
苎麻	有横节、竖纹	腰圆形，有中腔及裂缝
亚麻	有横节、竖纹	多角形，中腔较小
羊毛	表面有鳞片	圆形或接近圆形，有些有毛髓
兔毛	表面有鳞片	哑铃形
桑蚕丝	表面如树干状，粗细不匀	不规则的三角形或半椭圆形
柞蚕丝	表面如树干状，粗细不匀	相当扁平的三角形或半椭圆形
粘胶纤维	纵向有细沟槽	锯齿形，有皮芯结构
富强纤维	平滑	较少齿形或接近于圆形
醋酯纤维	有 1～2 根沟槽	不规则的带状
维纶	有 1～2 根沟槽	腰圆形
腈纶	平滑或有 1～2 根沟槽	圆形或哑铃形
氯纶	平滑或有 1～2 根沟槽	接近圆形
涤纶、锦纶、丙纶	平滑	圆形

第三节　常用天然纤维

一、棉纤维

棉纤维来自棉花（图 2-1）的果实，是服装用主要纤维原料，并适用于各类服装，特别适合加工贴身穿着的服装面料。

（一）棉纤维的种类

棉纤维通常分为长绒棉、细绒棉和粗绒棉三种。

细绒棉：又称陆地棉或高原棉，是目前种植最广的棉花品种，占世界棉花总产量的 85% 以上。正常成熟的棉纤维色泽洁白或带有丝光，长度 25～31 mm，细度 1.5～1.8 dtex。

长绒棉：又称海岛棉，主要产于尼罗河流域，其中最著名的是埃及长绒棉。我国新疆等地也有种植。与细绒棉相比，长绒棉细而长，细度 1.3～1.5 dtex，富有光泽、强力高，常用来纺制高支精梳棉纱，制织高档棉织物。

粗绒棉：纤维短粗，手感硬，适宜做起绒纱，织

图 2-1　棉花

制绒布类织物或絮棉等。因产量低，品质差，渐趋淘汰。

（二）棉纤维的结构

棉纤维的主要组成物质是纤维素，纤维素的含量在95%以上，分子中含有大量的羟基，结晶度较高。

正常成熟的棉纤维纵向呈扁平带状，有天然转曲，横截面呈腰圆形（图2-2）。

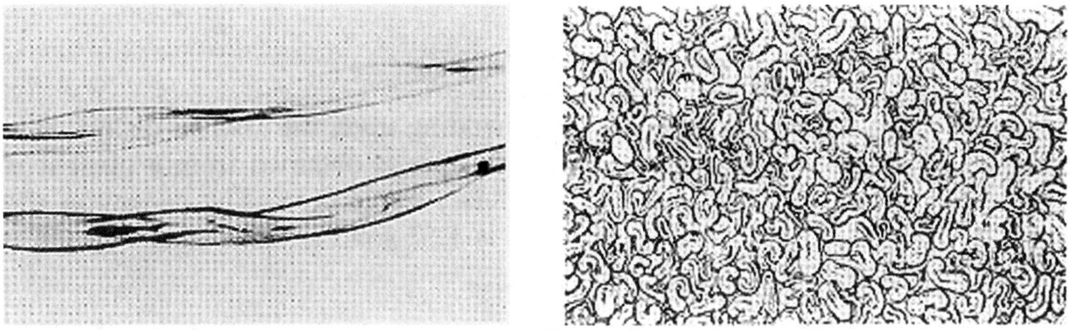

（a）纵向形态　　（b）横断面形态

图2-2　棉纤维的纵向和横断面形态

细绒棉的长度在23～38 mm之间。在其他条件相同的情况下，棉纤维的长度越长，纺成的纱线强度越大、弹性越好，可纺纱支越细，纱线条干（纱线细度均匀度）越好。

棉纤维的细度细，触感柔软舒适。长绒棉中段宽约15～16微米，细绒棉约18～20微米。

（三）棉纤维性能

棉纤维的色泽通常为白色、乳白色或淡黄色，光泽较暗淡。

棉纤维的体积质量为1.54 g/cm^3，在常用纤维中属于重的。

棉纤维的强力较高，断裂伸长率①很低，仅为3%～7%，弹性模量②较高，则弹性差，使得棉织物抗皱性差。

棉纤维吸湿性③好，公定回潮率④为8.5%。棉质服装不易产生静电，贴身穿着不易产生闷热感。

棉纤维比较耐碱而不耐酸。

棉纤维染色性能良好。

棉纤维耐热性较好，棉织物可用热水浸泡、高温烘干和高温熨烫，熨烫温度可达190℃。

棉纤维耐光性⑤一般。

---

① 断裂伸长率：纤维被拉伸到断裂时，所产生的伸长值（断裂伸长）与纤维原来长度的百分比。断裂伸长率越大，纤维的延伸性越好。

② 弹性模量：纤维材料在拉伸变形的初始阶段，所受应力与对应的应变的比值，又称初始模量。该值越大，纤维材料越难发生变形，手感越刚硬。

③ 纤维材料的吸湿性：纤维材料吸收气态水分的能力。

④ 公定回潮率：为贸易等需要，一个国家或国际组织对纺织材料、纺织品规定的“回潮率”。纤维的公定回潮率越大，表示纤维的吸湿性越好。

⑤ 纤维材料的耐光性：纤维材料抵抗因日光而受到破坏的能力。

在保养性能方面，棉纤维易受霉菌等微生物的损害，但不易虫蛀。

（四）棉纤维服装材料

以棉纤维为原料的服装面料有很多，棉纤维还可以做絮料，保暖性较好。

常用的由棉纤维加工的机织面料有巴厘纱、麦尔纱、平布、府绸、斜纹布、棉哔叽、卡其、棉直贡呢、横贡缎、牛仔布、牛津纺、泡泡纱、灯芯绒、平绒、绒布、条格布等。这些面料在服装中都有广泛应用，例如，府绸是主要的衬衫面料，牛仔布是制作牛仔服的面料，详见第五章。

由棉纤维加工的针织面料主要有汗布、棉毛布、罗纹布、珠地网眼布、针织绒布等。汗布主要用作汗衫的面料；棉毛布主要用作棉毛衫、棉毛裤的面料；罗纹布主要用作汗衫、棉毛衫和棉毛裤的面料；珠地网眼布主要用作 T 恤衫的面料；棉针织绒布主要用作秋冬季绒衣、绒裤的面料，有较好的保暖性。用较粗的棉纱线加工的针织衫较多地具有休闲风格。

二、麻纤维

麻纤维来自于各种麻类植物，因此品种很多。服装用麻主要是苎麻和亚麻，近几年，又开发了大麻和罗布麻服装面料。麻纤维的化学组成也主要是纤维素。

（一）苎麻

苎麻（图 2-3）起源于中国，被称为“中国草”。中国是苎麻的主要生产国和出口国。我国苎麻主要产于湖南、湖北、广东、广西和四川等地。

1. 苎麻纤维的结构

苎麻的纤维构成中纤维素占 65% ~75%，其余为伴生的胶质等。苎麻纤维的品质与脱胶的质量关系密切，脱胶后的纤维洁白、光泽好。苎麻纤维纵向有横节竖纹，粗细不匀，横断面不规则，呈椭圆形或扁圆形（图 2-4）。

图 2-3　苎麻

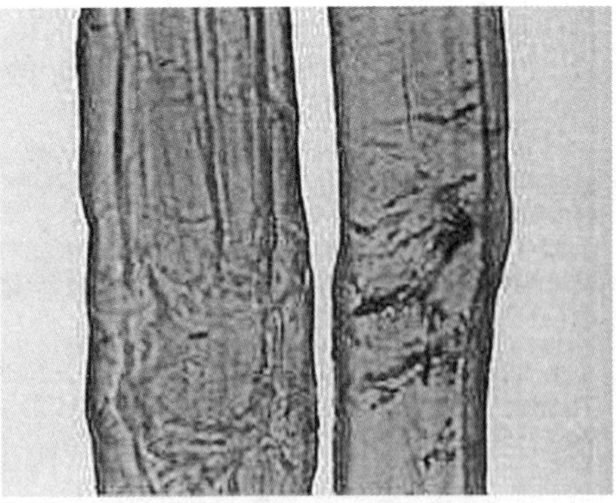

（a）纵向形态

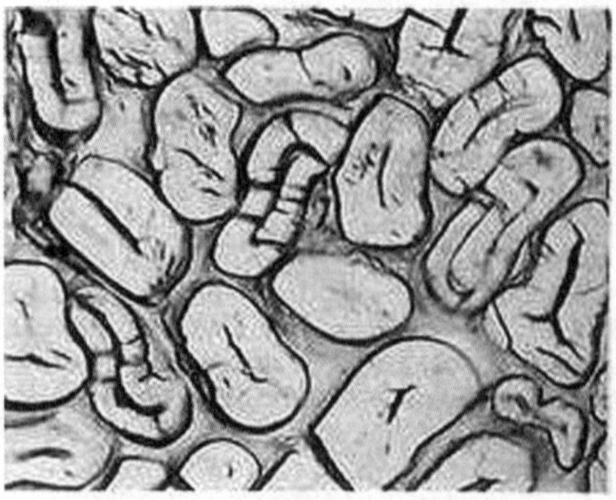

（b）横断面形态

图 2-4　苎麻纤维的纵向与横断面形态

苎麻纤维长度约 60 ~ 250 mm，最长可达 550 mm。苎麻纤维比较粗，宽为 20 ~ 45 μm，细度变化大，导致有的苎麻织物有刺痒感。

2. 苎麻纤维的性能

苎麻色白而且光泽较好。

苎麻纤维体积质量为 1.50 g/cm^3，与棉纤维接近，在常用纤维中属于重的。

苎麻纤维强度高，刚性大，断裂伸长率比棉纤维还小，仅为 1.2% ~ 2.3%，弹性差。致使苎麻织物手感硬挺，不粘身，抗皱性差，折边处易磨损。

苎麻纤维吸湿性好，公定回潮率高达 12%，而且放湿快，织物吸汗快干。

苎麻纤维耐碱不耐酸。

苎麻纤维抗霉性能较棉纤维好，不易虫蛀。

（二）亚麻

亚麻（图 2-5）主要产于欧洲。我国的亚麻主要产区为黑龙江省和吉林省。

图 2-5　亚麻

1. 亚麻纤维的结构

亚麻纤维显微镜下的形态如图 2-6 所示，纵向表面有横节、竖纹，横断面呈多角形，以五角形或六角形为多，有明显的中腔。经过脱胶的亚麻纤维中纤维素占 70% ~ 80%，其他为伴生物。

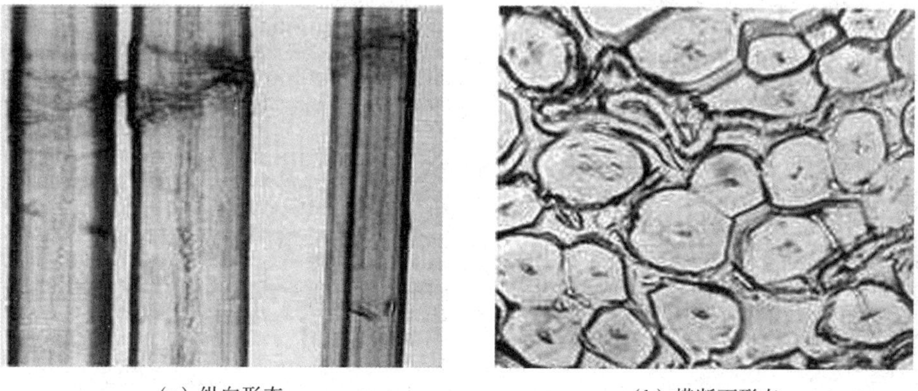

（a）纵向形态　（b）横断面形态

图 2-6　亚麻的纵向和横断面形态

亚麻纤维较苎麻纤维长度短、细度细。平均长度为 17 ~ 25 mm，平均宽度为 12 ~ 17 μm。

2. 亚麻纤维的性能

亚麻和苎麻的性能接近。优良的亚麻纤维为淡黄色，光泽较好，因有较高的结晶度而使染色性能较差。亚麻纤维手感比棉纤维粗硬，但比苎麻纤维柔软。

(三) 其他麻纤维

用于纺织服装材料的麻纤维除了广泛使用的苎麻和亚麻纤维之外，还有罗布麻、大麻等，性能与亚麻和苎麻都较为接近。大麻和罗布麻纤维较细较柔软，而且有抗菌保健作用。

(四) 麻纤维服装材料

麻纤维吸湿性好、放湿快，轻薄的麻织物透气性好、透湿性好，手感爽利，如细亚麻布、苎麻爽丽纱、夏布等都是优良的夏季服装面料。麻纤维由于粗细变化大，纱线粗细不匀，织物表面有特有的粗细不匀，具有休闲风格。

三、羊毛

(一) 产地与种类

澳大利亚、新西兰、阿根廷、南非和我国都是世界上的主要产毛国。其中澳大利亚的美利奴羊(图2-7)是世界上品质最优良、产毛量最高的羊种，澳大利亚产的羊毛，简称澳毛，主要为美利奴羊毛，是羊毛精纺面料的主要原料。国产羊毛是羊毛粗纺面料的主要原料。新西兰羊毛比澳毛粗，主要用于纺制绒线。

(二) 羊毛纤维的结构

羊毛纤维是天然蛋白质纤维，由多种 α-氨基酸缩聚而成。

羊毛是由许多细胞聚集构成，结构复杂。在显微镜下从径向观察，可分成三个组成部分：包覆在毛干外部的鳞片层；组成羊毛实体主要部分的皮质层；由毛干中心不透明的毛髓组成的髓质层。髓质层只存在于较粗的纤维中，细羊毛无髓质层。(图2-8)

图2-7　美利奴羊

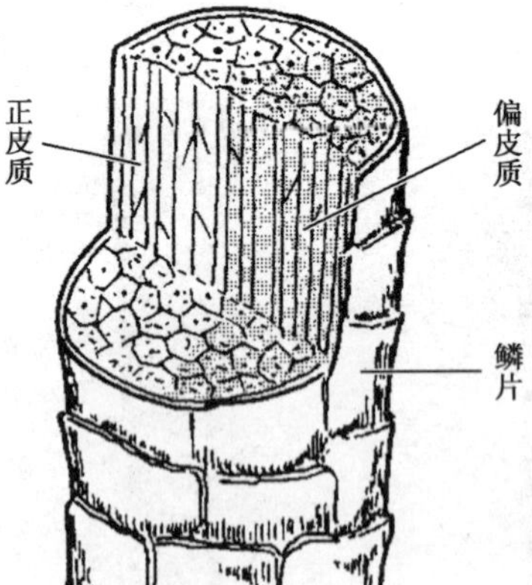

图2-8　细羊毛结构图

在形态方面，羊毛根部粗、梢部细，表面覆盖着鳞片(图2-9)，沿纤维长度方向呈现立体卷曲(图2-10)；截面接近圆形，中部有毛髓(细羊毛没有毛髓)。

细度是决定羊毛品质好坏的最重要的指标。羊毛的细度可用分特(dtex)、平均直径(μm)、或品质支数表示。羊毛的品质支数越大，羊毛的细度越细。羊毛细度一般为3.3~5.6 dtex。羊毛愈细，通常细度离散越小，相对强度高，卷曲度大，鳞片密，光泽柔和，脂汗含量高，长度略短。

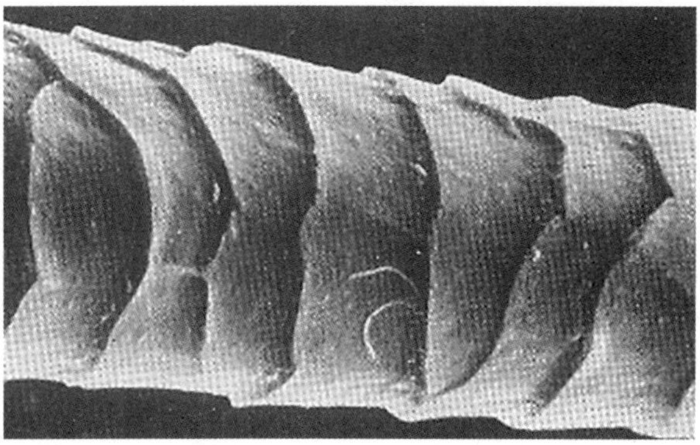

图 2-9 羊毛表面的鳞片

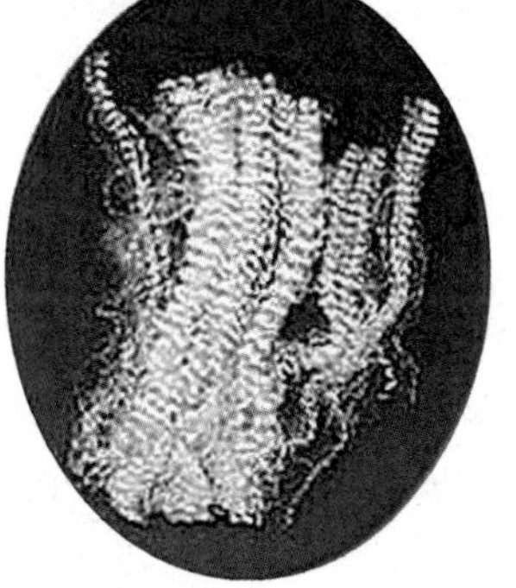

图 2-10 羊毛的卷曲

羊毛长度一般为 60 ~ 120 mm。

羊毛沿长度方向有自然的周期性卷曲。一般以每厘米的卷曲数来表示羊毛卷曲程度，叫卷曲度。羊毛卷曲排列越整齐，卷曲度越高，则羊毛的品质越好。

（三）羊毛纤维的性能

羊毛多为白色或乳白色，偶尔也有黑色。粗羊毛鳞片较稀，表面平滑，反光强；而细羊毛反光弱，光泽柔和。

羊毛的体积质量较小（1.32 g/cm^3），质轻。

羊毛纤维强力较低，干态强力 0.9 ~ 1.5 cN/dtex，湿态强力 0.7 ~ 1.4 cN/dtex，弹性模量小，断裂伸长率高，干态时为 25% ~ 35%，弹性好，因此羊毛织物耐用性较好，抗皱性好。潮湿状态下羊毛纤维强力会下降。

羊毛纤维的吸湿性很好，公定回潮率达 15% 左右。在湿润的空气中，羊毛吸湿超过 30% 而不感觉潮湿，细羊毛最大吸湿能力可达 40% 以上。

羊毛纤维具有独特的缩绒性。缩绒性是指羊毛在湿热条件和化学试剂的作用下，受到机械外力的挤压揉搓，纤维结合体逐渐收缩紧密，并且相互穿插纠缠，交编毡化的性能。粗纺毛织物通常利用羊毛纤维的这一特性进行缩绒处理，使绒面紧密、丰厚，提高保暖效果。羊毛针织物和粗纺毛织物等纱线结构较松的毛织物在服用中容易产生毡缩。普通的毛织物不宜用洗衣机洗涤，应该干洗，或在水温较低情况下轻柔地手洗。市场上标有“机可洗”的羊毛内衣或外衣，通常经过了防毡缩处理，因此可用洗衣机水洗。

羊毛纤维导热系数小，纤维又因卷曲而束缚了更多的静止空气，因此隔热保暖性好，尤其经过缩绒和起毛整理的粗纺毛织物是冬季的理想面料。

羊毛的耐热性较一般纤维差。在 100 ~ 105℃ 的干热中，纤维内水分蒸干后，便开始泛黄、发硬；当温度升高到 120 ~ 130℃ 时，羊毛纤维开始分解，并放出刺激性的气味，强力明显下降。在整烫羊毛织物时不能干烫，应喷水湿烫或垫上湿布进行熨烫。熨烫温度一般在 160 ~ 180℃。

羊毛纤维的可塑性能较好。羊毛纤维在一定温度、湿度、外力作用下，经过一定时间，形状会稳定下来，具有半永久定型的能力（不浸水条件下，定型效果可以长期保持）。

羊毛耐酸而不耐碱，对氧化剂也很敏感。在洗涤时宜选择中性或弱酸性洗涤剂。

羊毛纤维的耐光性较差，因此晾晒毛织物应在阴凉通风处。

羊毛纤维容易虫蛀，也易霉变。

（四）羊毛服装材料

动物毛中羊毛用得最多，用羊毛加工的服装材料有羊毛精纺面料、羊毛粗纺面料和羊毛絮料。

羊毛精纺面料是春秋季高档服装的主要面料，主要有哔叽、啥味呢、华达呢、中厚花呢、女衣呢、礼服呢、驼丝锦等传统品种，这些面料手感或者偏柔软或者偏硬挺，但都富有弹性，有身骨。例如，高品质的驼丝锦是目前高档西服的主要面料。轻薄型的羊毛精纺面料也可以用于初夏服装的面料，主要有凡立丁、派力司和薄花呢等品种，松结构的羊毛精纺面料手感柔软，富有弹性，悬垂性好，用作披肩等的面料。

羊毛粗纺面料是冬季高档服装的主要面料，有呢面风格、绒面风格、纹面风格等不同风格，通常手感丰满而厚实，具有优良的保暖性。呢面风格的羊毛粗纺面料有法兰绒、麦尔登、海军呢、平厚大衣呢、制服呢、大众呢等，这些面料都经过缩呢加工，表面有相互纠缠的绒毛，手感丰满而厚实，防风性好，保暖性好，主要用作冬季大衣、夹克等的面料。绒面风格的羊毛粗纺面料有立绒大衣呢、顺毛大衣呢等，这些面料在经过缩呢加工后再经拉毛、剪毛，在织物表面形成浓密、平齐而直立的绒毛或向一个方向倒伏的绒毛，织物手感丰满，保暖性好，顺毛大衣呢手感光滑，有膘光，是冬季大衣等的面料。纹面风格的羊毛粗纺面料主要有钢花呢等粗纺花呢面料，织物一般经过缩呢加工，但缩呢条件不及呢面风格和绒面风格面料的剧烈，织物表面的织纹清晰可见，织物手感比较丰满、厚实，保暖性较好。

羊毛絮料有良好的保暖性，但若羊毛偏粗时，则容易钻毛。

四、其他毛纤维

（一）山羊绒

山羊绒是山羊的底绒。开士米山羊（图2-11）所产的绒毛质最好，又称开士米（Cashmere）。山羊绒由鳞片层和皮质层组成，没有髓质层，平均长度为35～45 mm，平均直径为14.5～16 μm。山羊绒的强伸度、弹性比羊毛好，比羊毛细，比羊毛轻，手感更柔软、更光滑，保暖性更好。由于山羊绒的产量很低，所以价格昂贵，有“软黄金”之称，是羊绒衫、羊绒大衣呢、羊绒花呢等高档服装面料的原料。

图2-11　开士米山羊

（二）马海毛

马海毛就是安哥拉山羊（图2-12）所产的山羊毛。美国、南非、土耳其是主要产地，我国宁夏也有少量生产。马海毛纤维粗长，直径为10～90 μm，长度为200～250 mm。马海毛卷曲少，鳞片平阔且紧贴于毛干，很少重叠，使纤维表面光滑，光泽强。马海毛强度较高，弹性好，不易毡缩，易于洗涤。马海毛常与羊毛等纤维混纺，用于大衣、羊毛衫、围巾、帽子等高档服饰的原料。

图 2-12 安哥拉山羊

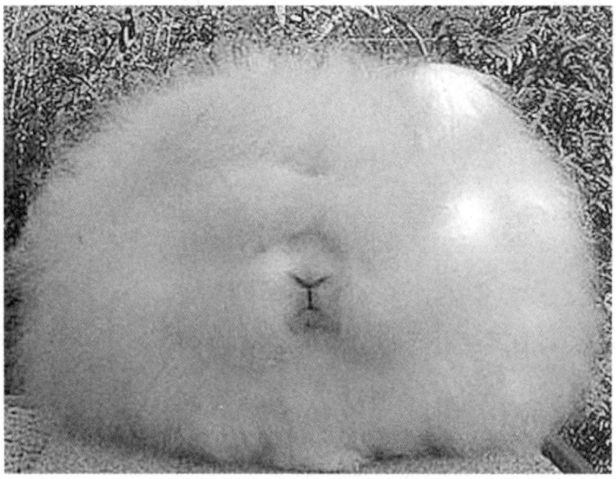

图 2-13 安哥拉长毛兔

（三）兔毛

有普通兔毛和安哥拉兔毛两种，以安哥拉长毛兔（图 2-13）所产兔毛品质最好。兔毛由绒毛和粗毛所组成，绒毛平均直径一般在 12 ~ 14 μm 之间，粗毛在 48 μm 左右，长度多在 25 ~ 45 mm 之间，具有轻、软、暖、吸湿性好和保暖性好的特点，但强度低。由于鳞片少而光滑，抱合力差，织物容易掉毛。兔毛常与羊毛或其他纤维混纺制作兔羊毛衫、兔毛大衣呢等。

（四）骆驼毛

骆驼毛由粗毛和绒毛组成。驼毛多用作衬垫；驼绒的强度大，光泽好，御寒保温性能很好，适宜织制高档粗纺毛织物和针织物，用于制作高档服装。

（五）牦牛毛

牦牛毛由绒毛和粗毛组成。绒毛细而柔软，平均直径约为 20 μm，长约 30 mm，光泽柔和，手感柔软、滑腻，弹性好，保暖性好，常与羊毛等纤维混纺织成针织物和大衣呢。粗毛略有毛髓，平均直径约 70 μm，长约 110 mm，外形平直，表面光滑，刚韧而有光泽。粗毛主要用于加工黑炭衬。

（六）羊驼毛

羊驼（图 2-14）属骆驼科。主要产于秘鲁、阿根廷等地，羊驼毛粗细毛混杂，平均直径 22 ~ 30 μm，细毛长约 50 mm，粗毛长达 200 mm。羊驼毛色泽为白色、棕色、淡黄褐色或黑色，比马海毛细、柔软，富有光泽，强力和保暖性优于羊毛，因为产量低而价格贵。羊驼毛可用于大衣面料和羊毛衫等的原料。

图 2-14 羊驼

（七）骆马绒

骆马（图 2-15）的绒毛质细柔，富有光泽，是最细的动物毛纤维，多为黄褐色。纤维产量非常低，价格昂贵。骆马绒主要产于秘鲁山区。

图 2-15　骆马

五、蚕丝

蚕丝由蚕吐丝成茧，再经缫丝而得到（图 2-16，图 2-17）。蚕丝，又称真丝，为天然蛋白质纤维。蚕丝是唯一的天然长丝纤维，长度一般在 800 ~ 1 100 m 之间，光滑柔软，富有光泽，穿着舒适，是高级的纺织原料，被誉为纤维皇后。

图 2-16　蚕和蚕茧

图 2-17　蚕茧

我国是蚕丝的生产大国，是世界上最早利用蚕丝制织各种丝织品的国家。蚕丝分为家蚕丝和野蚕丝两种，家蚕丝即桑蚕丝，在我国主要产于浙江、江苏、广东和四川等地；野蚕丝主要是柞蚕丝，主要产于辽宁和山东等地。

（一）结构与形态

蚕丝与羊毛一样由 a 氨基酸组成的蛋白质构成。多根链状的蛋白质分子聚集成一根单丝，两根基本平行的单丝组成一根茧丝，中心是丝素，外围是丝胶。丝胶能溶于热水，丝素却不溶于水。由几个茧一起抽得的未经精练过的丝称为生丝，生丝经过精练脱胶以后称熟丝。生丝硬，熟丝软。

桑蚕丝纵向平直、光滑，横断面近似三角形(图 2-18)。柞蚕丝的截面近似桑蚕丝，但更扁平，纵向表面有条纹，内部有许多毛细孔。

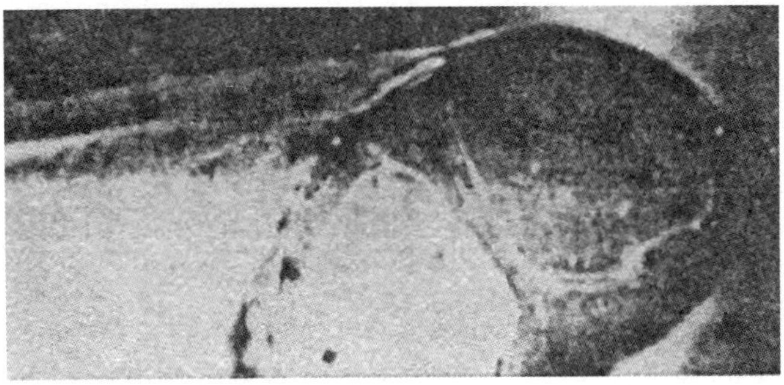

图 2-18 桑蚕丝的横断面

(二) 桑蚕丝的性能

桑蚕丝大都为白色，有的也呈淡黄色。细软、光滑、光泽优雅。

桑蚕丝体积质量为 1.33 g/cm^3，质轻。

蚕丝强力高于羊毛，断裂伸长率比羊毛低，吸湿后强力略有下降，伸长增加，弹性不及羊毛。

桑蚕丝吸湿性很好，公定回潮率为 11%，吸湿饱和率可高达 30%，在很潮湿的环境中，感觉仍是干燥的。

蚕丝的耐热性比棉纤维、亚麻纤维差，但比羊毛纤维好。熨烫温度为 165～185℃，宜用蒸汽熨斗，一般要垫布熨烫，以防烫黄和水渍。

蚕丝的耐光性很差，其耐光性在天然纤维中属于最差的，在所有的常用纤维中仅优于丙纶。蚕丝中的氨基酸吸收日光中的紫外线会降低分子间的结合力，导致蚕丝脆化、泛黄、强度下降。因此，真丝织物应尽量避免在日光下直接晾晒。

蚕丝纤维耐酸而不耐碱。用有机酸处理丝织物，可增加光泽，改善手感(强伸度稍有降低)。洗涤丝绸服装时，加入少量白醋，可使丝织物更加柔软滑润，富有光泽，并改善外观和手感。蚕丝纤维不耐盐水浸蚀，人体的汗水里有含盐成分，夏季丝绸服装被汗水浸湿后，应冲洗干净，不宜浸泡，应勤洗勤换，同时蚕丝织物也不宜用含氯漂白剂或洗涤剂处理。

蚕丝容易虫蛀，也可发霉，保管时需注意。

(三) 柞蚕丝的性能

柞蚕茧为黄褐色，这种褐色色素不易除去，使柞蚕丝具有天然的淡黄色，且难以染色。柞蚕丝光泽不如桑蚕丝光亮，手感不如桑蚕丝光滑，也不如桑蚕丝柔软、细腻。

柞蚕丝的坚牢度、吸湿性、耐热性等优于桑蚕丝。柞蚕丝的耐水性和强力也比桑蚕丝好，湿强度比干强度大 4% 左右。

柞蚕丝有良好的吸湿性能，比桑蚕丝粗，内部有许多毛细孔，靠近纤维中心的毛细孔较粗，靠近边缘的毛细孔较细，且通空气，因而具有较好的保暖性。柞蚕丝吸湿后再干燥会产生收缩，常温下稍有卷曲(约4%),其化学性能也较桑蚕丝稳定,对强酸、强碱和盐类的抵抗力较强。柞蚕丝的耐光性、耐酸性、耐碱性比桑蚕丝好。

柞蚕丝织物遇水时,丝纤维会吸水膨胀,产生扁平状突起,改变光的反射并形成水渍,水渍在服装重新下水后才会消失。

(四) 绢丝与□丝

绢丝是以蚕丝的废丝、废茧、茧衣等为原料,先加工成短纤维,然后再经过纺纱而成。绢丝光泽优良,粗细均匀,强力与伸长度都较好。由于是短纤维纺织制成,丝条内空气多,保暖性好,吸湿性也好,适宜做睡衣等。绢丝多次洗涤后易发毛。常见的绢丝面料有雪花呢、竹节绸等。

□丝以绢丝纺剩下的下脚丝、蛹衬为原料纺纱而成,外观光泽、品质质量、强度都比绢丝差。□丝成纱粗细不均匀,但风格粗犷,手感柔软,常用于织制绵绸。

(五) 蚕丝服装材料

用蚕丝织成的面料俗称丝绸,有面料中的"皇后"之称。常用的蚕丝面料如电力纺、双绉、顺纡绉、乔其纱、塔夫绸、绉缎、软缎、乔其绒等都是优良的夏季服装面料和礼服面料。此外,云锦、蜀锦、宋锦和天鹅绒等都是我国传统的丝绸品种。丝绵可以做絮料。

第四节　常用化学纤维

化学纤维分为再生纤维和合成纤维。

常用的再生纤维以再生纤维素纤维为主。再生纤维素纤维的化学组成和天然纤维素纤维相同,都是纤维素,但纤维大分子的排列堆砌结构已经改变。目前生产的再生纤维素纤维主要有粘胶纤维和铜氨纤维等。

服装上常用的合成纤维有涤纶、锦纶、腈纶、氨纶、丙纶、氯纶和维纶等。它们在服用性能上的共同特点是:①强度大,弹性好(对应的织物强度大,抗皱性好,耐用性好);②具有热塑性,可以进行热定型;③耐化学品性能好;④不霉不蛀,容易保管;⑤吸湿性差(对应织物洗可穿性好,贴身穿着有闷热感);⑥易产生静电,易沾污;⑦抗熔孔性[①]差。

一、粘胶纤维

(一) 粘胶纤维概述

粘胶纤维以木材、棉短绒和芦苇等天然含有纤维素的材料经化学溶剂溶解后经纺丝而成。粘胶纤维按性能分为普通粘胶纤维和高强高模量粘胶纤维等不同品种;从形态分有短纤维和长丝两种形式。粘胶短纤维常称人造棉;粘胶长丝称人造丝,分有光、无光和半无光三种光泽。

---

① 熔孔性:合成纤维织物,在穿着过程中,接触到火星、电焊火花等微小热体时,可以在织物上形成孔洞,这种性能称为熔孔性。织物抵抗熔孔现象的性能,称为抗熔孔性。

(二) 粘胶纤维的结构

粘胶纤维的基本成分是纤维素。普通粘胶纤维的结晶度和取向度较低,纵向有沟槽,横断面呈锯齿形,有皮芯结构(图2-19)。

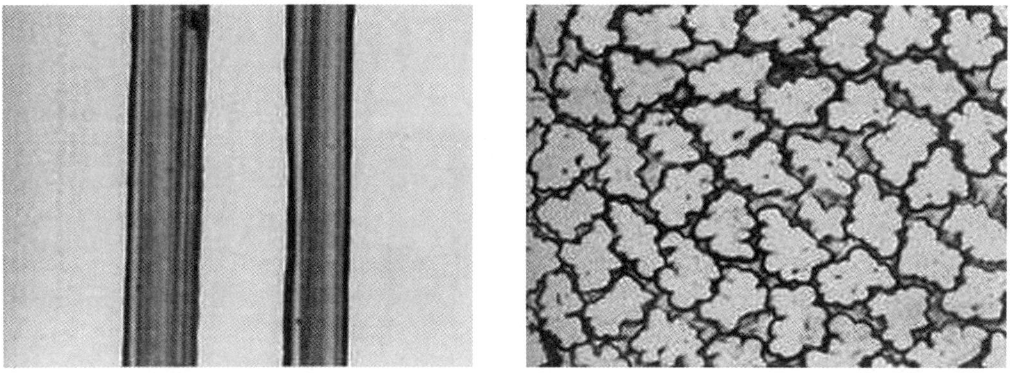

(a) 纵向形态　　(b) 横断面形态

图2-19　粘胶纤维的纵向和横断面形态

(三) 粘胶纤维的性能特点

粘胶纤维的主要服用性能特点:

粘胶纤维体积质量为1.5 g/cm^3,与苎麻相同,在常用纤维中属于重的。

普通粘胶纤维的强度较低,且湿强仅为干强的40% ~60%;断裂伸长率约为10% ~30%,湿态时伸长更大,湿模量很低。

粘胶纤维吸湿性好,回潮率高达13% ~15%,穿着凉爽舒适,不易产生静电。

粘胶纤维比较耐碱而不耐酸,但耐碱和耐酸性能较棉纤维差。

粘胶纤维耐热性比棉纤维差,熨烫温度也低于棉纤维,一般为120 ~160℃。

粘胶纤维在高温高湿下容易发霉。

粘胶纤维染色性能好,色谱全,色泽鲜艳,色牢度好。

高湿模量的粘胶纤维称为富强纤维或虎木棉,强度(特别是湿强度)和弹性都优于普通粘胶纤维,在服用性能方面有较大改善。

(四) 粘胶纤维服装材料

粘胶纤维广泛用于裙装、衬衫和里料中,与合成纤维混纺的织物比纯合成纤维织物在吸湿性和舒适感方面都有明显的改善。但是,在生产粘胶纤维时对环境污染严重,限制了粘胶纤维的生产和产品开发。

粘胶短纤维面料主要有人造棉,手感柔软,吸湿性好,悬垂性好,特别适宜用作夏季衬衫、裙子的面料。粘胶长丝面料多为仿真丝面料,有人丝纺(粘丝纺)、人丝缎(粘丝缎)、人丝织锦缎等品种,面料光泽明亮,悬垂性好。

二、铜氨纤维

(一) 铜氨纤维概述

铜氨纤维由纤维素溶解于铜氨溶液中经纺丝而成。铜氨纤维的聚合度比粘胶纤维高。

（二）铜氨纤维的结构

铜氨纤维的化学组成与粘胶纤维相同，也是纤维素。

铜氨纤维的横断面（图2-20）为圆形，无皮芯结构，单纤维细度可达0.4～1.3 dtex，一般比粘胶纤维细，所以铜氨纤维长丝织物手感柔软，光泽柔和，丝绸感更强。

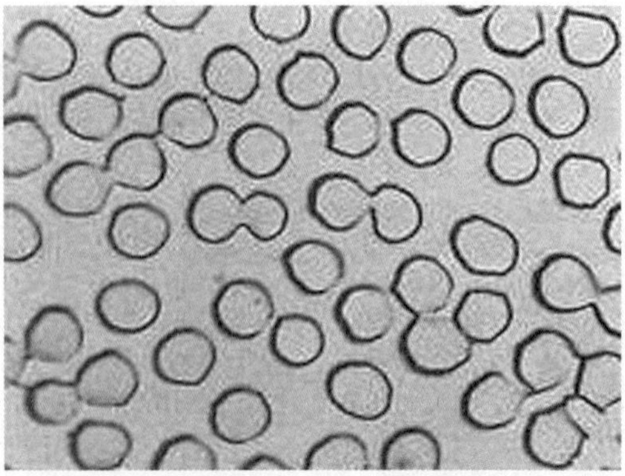

图2-20　铜氨纤维的横断面

（三）铜氨纤维的性能

铜氨纤维的强力约为2.6～3.0 cN/dtex，湿强为干强的65%～70%。

铜氨纤维的耐磨性和耐疲劳性比粘胶纤维好。公定回潮率为12%～13%，与粘胶纤维接近。铜氨纤维没有皮层，吸水量比粘胶纤维高20%左右，染色性也较好，上染率高，上色也较快。

铜氨纤维织物广泛用作高级套装的里料。

三、醋酯纤维

（一）醋酯纤维概述

醋酯纤维是由含纤维素的天然材料与醋酐发生反应生成纤维素醋酸酯，经纺丝形成纤维。在性质上与纤维素纤维相差较大，有二醋酯纤维和三醋酯纤维之分，二醋酯纤维以长丝为主，三醋酯纤维以短纤维为主。醋酯纤维一般是指二醋酯纤维。

（二）醋酯纤维性能

醋酯纤维强度低于粘胶纤维，湿态强力也较低，耐用性较差。

醋酯纤维弹性好。

醋酯纤维光泽好。

醋酯纤维质量轻。

醋酯纤维耐热性差，高温容易熔化，尤其是二醋酯纤维，熨烫温度应控制在110～130℃。

（三）醋酯纤维服装材料

二醋酯纤维面料大多具有丝绸风格，但耐高温性差，难以通过热定型形成永久保持的褶裥。为避免缩水变形，醋酯纤维面料服装宜采用干洗。

三醋酯纤维常用于经编针织物中，酷似尼龙，具有良好的弹性回复性能。由于采用原液染色，色牢度较好。

醋酯纤维面料主要用作裙装、女衬衫、内衣、领带等的面料和服装里料等。

四、涤纶

（一）涤纶纤维概述

涤纶纤维的学名为聚酯纤维，是当前服装上用量最大的化学纤维。涤纶纤维有长丝和短纤维两种形态。

普通涤纶纤维的纵向平滑光洁，横截面一般为圆形。为改善涤纶纤维的服用性能，也可加工成异形纤维①，如三角形、Y 形、中空形和五叶形等。当前的差别化纤维主要是差别化涤纶纤维，在外观和性能上模仿毛、麻、丝等天然纤维，已达到以假乱真的程度。

（二）涤纶纤维的性能

涤纶纤维的强度好，弹性好，织物挺括、不起皱、保形性好，尺寸稳定性好，经久耐穿，但涤纶短纤维织物容易起球且不易脱落。

涤纶纤维具有热塑性，织物可以进行热定形达到所需的形态。

涤纶纤维吸湿性很差，公定回潮率为 0.4%，穿着有闷热感，易产生静电使织物易起毛、起球和吸灰。

涤纶纤维染色性差，需要在高温高压下用分散染料染色。

涤纶具有优良的耐光性能。

涤纶纤维对一般化学试剂性能较稳定，但不耐浓碱的高温处理。

（三）涤纶纤维服装材料

涤纶纤维用途广泛，涤纶长丝可以制成仿毛、仿丝、仿麻和仿麂皮织物，涤纶短纤维可以和多种纤维混纺，用于加工混纺织物，涤纶短纤维也可用涤纶制作絮料。

五、锦纶

（一）锦纶纤维概述

锦纶纤维，又称尼龙纤维，学名为聚酰胺纤维。有长丝和短纤维两种形态。根据化学成分和聚合情况不同，常用的有锦纶 6、锦纶 66。

锦纶纤维纵向平直光滑，横截面为圆形。

（二）锦纶纤维的性能

锦纶纤维体积质量为 1.14 g/cm^3，仅比丙纶纤维和氯纶纤维重，其服装制品穿着轻便，适于做登山服和风雨衣等。

锦纶纤维最突出的特点是耐磨性优于其他常用纤维，强度、弹性也很好，耐疲劳的能力强，有优良的耐用性。锦纶纤维的弹性模量较低，在小负荷下容易变形，急弹性回复性不如涤纶，制成的服装保形性不如涤纶，外观不够挺括。

锦纶纤维具有热塑性，织物可以进行热定形达到所需的形态。

锦纶纤维的公定回潮率为 4.5%，吸湿性差，易起静电和沾污，在高温潮湿下闷热、不舒适，但锦纶织物易洗快干。

锦纶纤维的耐热性及耐光性较差，阳光下易泛黄并导致强力下降。

锦纶纤维染色性在合成纤维中较好，锦纶 6 优于锦纶 66。

（三）锦纶纤维服装材料

锦纶纤维用途广泛，长丝可以做袜子、内衣、运动衫、滑雪衫、雨衣等，特别是经防水整理的锦纶长丝高密平纹类面料，由于质量轻、强度高、耐磨性好和具有防雨功能，被广泛用作风雨衣和户外作业服等的面料。锦纶短纤维常与棉、毛及粘胶混纺，以使织物具有良好的耐磨性和

---

① 异形纤维：用非圆形喷丝孔纺制的合成纤维。

强度。

六、腈纶

（一）腈纶纤维概述

腈纶纤维的学名为聚丙烯腈纤维，以短纤维为主。由于特有的热延伸性，腈纶适用于制作膨体纱、毛线、针织物和人造毛皮等制品。

腈纶纤维的纵向呈平滑柱状，有少许沟槽，横截面呈哑铃形、圆形和其他形状。

腈纶纤维主要以短纤维形态应用。腈纶纤维外观呈白色，卷曲、蓬松、手感柔软，酷似羊毛，因此又被称为“合成羊毛”。

（二）腈纶纤维的性能

腈纶纤维突出的优点是耐日光性和耐气候性优良。

腈纶纤维的体积质量小，导热系数低，适合加工保暖性面料。

腈纶纤维易于染色，色泽鲜艳、稳定。

腈纶纤维的强度和弹性不如涤纶纤维和锦纶纤维，腈纶衣服的褶裥处易磨损，腈纶针织服装在领口、袖口和下摆处容易松弛。

腈纶纤维具有热塑性，织物可以进行热定形达到所需的形态。

腈纶纤维的吸湿性差，易产生静电、起毛起球。

腈纶纤维耐弱酸碱，织物洗可穿性好，易洗快干，不容易虫蛀和发霉。

（三）腈纶纤维服装材料

腈纶纤维广泛用于针织绒线服装、仿裘皮制品、起绒织物、毛毯及与其他纤维的混纺面料。

七、丙纶

（一）丙纶纤维概述

丙纶纤维的学名是聚丙烯纤维，有长丝和短纤维两种形态。丙纶长丝常用来制作仿丝绸织物和针织物；短纤维多用于地毯或非织造织物。

丙纶纤维纵向光滑平直，横截面为圆形，也可以加工成其他形状。

（二）丙纶纤维的性能

丙纶纤维体积质量为 0.91 g/cm^3，比水还轻，是常用纤维中最轻的。

丙纶纤维的强度、弹性和耐磨性都比较好，织物不易起皱，服装尺寸较稳定。

丙纶纤维染色困难，一般为原液染色。

丙纶纤维公定回潮率为 0%，吸湿性最差，在使用过程中容易起静电。

丙纶纤维耐热性差，100℃以上开始收缩，在水洗、干洗时温度都不能过高，否则会引起收缩、变形，甚至熔融。

丙纶纤维的耐光性非常差，在常用纤维中是最差的。

（三）丙纶纤维服装材料

细旦丙纶纤维，特别是超细丙纶纤维，具有较强的芯吸作用，能更快地传递汗水，使皮肤保持舒适感，被广泛用于运动员冬季训练服的里层材料。由于纤维不吸湿且缩水率小，丙纶织物具有易洗快干的特点。

八、氨纶

（一）氨纶纤维概述

氨纶具有优良的延伸性和弹性，又称为弹力纤维。“莱卡”（Lycra）、Estane（埃斯坦）和Opelon（奥佩纶）等都属于氨纶纤维。

（二）氨纶纤维的性能

氨纶纤维的延伸性和弹性都非常好，氨纶的断裂伸长率大于400%，甚至高达800%，伸长到500%时，弹性回复率为95% ~100%。

氨纶纤维强度较低。

氨纶纤维吸湿性较差。

氨纶纤维染色性良好，通常用分散染料、酸性染料或络合染料等。

氨纶纤维具有良好的耐气候性。

氨纶纤维具有良好的耐化学品性能。

氨纶纤维耐热性差。氨纶织物水洗和熨烫温度不宜过高，一般采用90 ~110℃快速熨烫。

（三）氨纶纤维服装材料

氨纶纤维以长丝形态应用，与其他纤维合股或制成包芯纱，用于织制弹力织物，如用棉包覆的氨纶牛仔裤，还有氨纶包芯纱的内衣、游泳衣、时装等。氨纶在袜口、手套，针织服装的领口、袖口，运动服、滑雪裤等都有应用。

九、维纶

（一）维纶纤维概述

维纶纤维的学名为聚乙烯醇纤维。维纶洁白如雪，柔软似棉，因而常被用作棉花的代用品，又称“合成棉花”。

维纶纤维为皮芯结构，横截面为腰子形。织物的外观和手感类似棉布，由于存在着皮芯层结构，产品往往染色不鲜艳。

（二）维纶纤维的性能

维纶纤维强度和耐磨性能较好，结实耐穿。

维纶纤维吸湿性能优于其他合成纤维，体积质量和导热系数较小，穿着轻便保暖。

维纶纤维弹性不如涤纶和锦纶，织物容易起皱。

维纶纤维耐化学品性能优良。

维纶纤维耐日光性优良。

维纶纤维耐海水性能优良。

维纶纤维耐干热而不耐湿热，湿热缩率大，熨烫时不能垫湿布或喷水，否则会产生水渍或皱纹。

（三）维纶纤维的用途

维纶纤维在日常服装中应用较少，在工业上应用较多，用维纶纤维做的帆布和缆绳强度高、质轻、耐摩擦、耐日光。维纶纤维耐冲击以及耐海水腐蚀性好，适宜于制作各种类型的鱼网。由于维纶纤维的化学性能较为稳定，也用来制作工作服，或作为包装材料和过滤材料。

第五节 新型纤维

一、新型天然纤维

随着人们对休闲、舒适、纯天然、安全等的重视,以及对环境的关注,造就了一些新型的天然纤维的开发和利用。

(一) 彩色棉

彩色棉就是天然具有彩色的棉花。目前,通过基因工程已培育出浅黄、紫粉、粉红、橙、黄、深棕色、浅绿色、浅棕色、绿色等颜色的彩色棉。

彩色棉的优势在于其可以省去染色工序,对环境比较好,对人体无害。但由于育种的周期往往较长,而流行色的流行周期相对较短,以及天然彩色棉的颜色不够鲜艳、色谱单调、有些颜色易变色等,使得彩色棉的应用范围受到限制。彩色棉更适合用于内衣面料。

(二) 丝光羊毛

由于羊毛表面鳞片的存在,羊毛具有缩绒性,使得结构疏松的针织物和粗纺的羊毛机织物在洗涤过程中容易发生毡缩。采用氧化剂,如次氯酸钠、氯气、氯胺和亚氯酸钠等,可使鳞片变质或损伤,羊毛失去缩绒性。经过这种方法处理的羊毛不仅获得了永久性的防缩效果,而且使羊毛纤维变细,纤维表面更加光滑,富有光泽,染色变得容易,色牢度也好,有人称之为羊毛丝光处理。

用丝光羊毛加工的羊毛衫,手感柔软、滑糯,抗起毛起球,耐水洗,能达到机可洗的要求,刺痒感降低,服用更舒适。

(三) 拉细羊毛

随着毛纺产品轻薄化的发展趋势和适应四季穿着的要求,消费者对细羊毛和超细羊毛的需求日益增长。但直径小于 18 μm 的羊毛产量极少。拉细处理的羊毛长度伸长、细度变细约 20%,如细度为 21 μm 的羊毛经过拉细处理可细化至 17 μm 左右,19 μm 的羊毛经过拉细处理可细化至 16 μm 左右。拉细羊毛的形态为伸直细长无卷曲的纤维,提高了弹性模量、刚性,细度变细,具有丝光、柔软效果,但断裂伸长率下降。

拉细羊毛可用于加工轻薄、滑爽、挺括、悬垂性好、有飘逸感、呢面细腻、光泽明亮的羊毛面料,降低刺痒感。

(四) 绵羊绒

绵羊绒是生长在内蒙古草原的乌珠穆沁肥尾羊身上的细绒毛。绵羊绒比山羊绒偏粗,其产品手感不如山羊绒产品滑糯。

二、新型再生纤维

(一) 莱赛尔纤维(Lyocell 纤维)

莱赛尔纤维是一类新型的再生纤维素纤维。

英国考陶尔公司 1989 年开始工业化生产这类纤维并以商品名 Tencel 投放市场,在我国,其市场名称为“天丝”。

莱赛尔纤维既具有传统的再生纤维素纤维良好的吸湿性和穿着舒适性,并且强力又有了较大的提高，其干强为4.0～4.2 cN/dtex，湿强为3.4～3.6 cN/dtex，干态断裂伸长率为15%～17%，湿态断裂伸长率为15%～17%，公定回潮率为11.5%。Lyocell纤维的生产过程对环境无污染，但具有原纤化（纤维发生纰裂发毛）的倾向。

由莱赛尔纤维加工的织物具有粘胶纤维织物类似的服用性能，但尺寸稳定性和强力增加。莱赛尔纤维可与各种纤维混纺，制成多种风格的机织物和针织物。

（二）莫代尔纤维（Modal纤维）

莫代尔纤维是奥地利兰精公司生产的新一代再生纤维素纤维，原料采用山毛榉浆粕。浆粕和纤维的生产对环境污染不大。莫代尔纤维干强为3.4～3.6 cN/dtex，湿强为2.0～2.2 cN/dtex，干态断裂伸长率为12%～14%，湿态断裂伸长率为13%～15%，公定回潮率为12.5%。

莫代尔纤维广泛用于针织内衣、运动衫和与棉混纺的机织面料。

（三）大豆蛋白纤维

大豆蛋白纤维是以榨过油的大豆豆粕为原料，利用生物工程技术，提取出豆粕中的球蛋白，通过添加功能性助剂，与含腈基、羟基的高聚物接枝、共聚、共混，制成一定浓度的蛋白质纺丝液，再经湿法纺丝而成的再生纤维。大豆蛋白纤维为淡黄色，干强为3.8～4.0 cN/dtex，湿强为2.5～3.0 cN/dtex，干态断裂伸长率为18%～21%，初始模量为53～98 cN/dtex，公定回潮率为5%～9%。它比羊毛、棉、蚕丝的强度都高，断裂伸长率与蚕丝接近，初始模量和吸湿性都与棉纤维接近，耐热性差，在120℃左右泛黄、发粘。大豆蛋白纤维的耐酸性好，耐碱性一般。

大豆蛋白纤维因细度细而可以加工手感柔软的面料，主要用于加工针织内衣、睡衣面料和衬衫面料，也可以与羊毛、羊绒、蚕丝和亚麻等纤维混纺，加工西服面料和各类时装面料。

（四）竹碳纤维

竹碳纤维是将超细竹碳粉加入到粘胶纤维纺丝液、涤纶纤维纺丝液或锦纶纤维纺丝液中纺制的功能纤维。根据原纺丝液的不同，竹碳纤维又有竹碳粘胶纤维、竹碳涤纶纤维、竹碳锦纶纤维等不同品种。

竹炭是由竹材热分解得到的主要产品。竹炭的生产工艺主要有干馏热解法和土窑直接烧制法。竹炭的主要特性有：吸附分解作用、自动调湿作用、发射远红外线作用、释放负离子作用和吸收微波的作用。

竹碳粘胶纤维属于再生纤维，除了具有粘胶纤维的原有性能外，还具有竹碳所赋予的上述功能性。

竹碳涤纶纤维和竹碳锦纶纤维属于合成纤维，除了具有涤纶纤维和锦纶纤维各自的原有性能外，还具有竹碳所赋予的上述功能性。

三、新型合成纤维

合成纤维服装材料有强力高、保形性好、易洗快干、免烫、易保养、耐用性好、耐化学药品性能好等优良的服用性能，但常规的合成纤维服装材料有诸如吸湿性差、手感差、光泽不佳、染色困难、容易钩丝、容易起毛起球、易起静电等问题。也正是为了解决这些问题，才不断研制开发出新型的合成纤维。

（一）异形纤维

异形纤维最早是指用非圆形喷丝孔纺制的合成纤维，其特点是纤维横截面不是常规合成纤维所具有的圆形或近似圆形的截面。现在，除了采用异形喷丝孔这种方法外，还有膨化粘结法、复合纺丝法和轧制法等多种加工异形纤维的方法。

异形纤维通常光泽较好，如三角形、三叶形、四叶形截面纤维反射光强度较强，通常具有钻石般光泽，多叶形（五叶形、六叶形、八叶形）截面纤维光泽比较柔和，闪光小。异形截面纤维还可提高织物的耐污性、覆盖性、抗起球性和耐磨性等。

（二）复合纤维

复合纤维是由两种及以上的聚合物或性能不同的同种聚合物，按一定的方式复合而成的纤维。由于这类纤维横截面上同时含有多种组分，因此，可制成三维卷曲、易染色、难燃、抗静电、高吸湿等特殊性能的纤维。

常见的双组分复合纤维的截面结构有并列型、皮芯型、海岛型、多层型和放射型。可以加工成具有永久性三维卷曲的纤维、导电纤维、热粘接纤维和超细纤维等。

（三）超细纤维

对超细纤维的定义尚无统一标准。一般将线密度大于0.44 dtex（0.4 旦）而小于1.1 dtex（1.0 旦）的纤维称为细特纤维，或细旦纤维。细旦纤维组成的长丝称为高复丝。细旦纤维多用于仿丝绸面料。将单纤维线密度小于0.44 dtex （0.4 旦）的纤维称为超细纤维。超细纤维组成的长丝称为超复丝。超细纤维主要用于人造麂皮和仿桃皮绒等面料。

（四）易染纤维

除聚酰胺纤维和共聚丙烯腈纤维较易染色外，大多数合成纤维染色都很困难。改善染色性是合成纤维改性的一项重要内容。

易染纤维是指可用不同类型的染料染色，并且染色条件温和，色谱齐全，染出的颜色色泽均匀，色牢度好。目前主要有常温常压无载体可染聚酯纤维和阳离子可染聚酯纤维。

（五）高吸湿性纤维

普通合成纤维的吸湿性一般较差，提高合成纤维的吸湿性，过去用共聚法和接枝共聚法，但效果不够明显。新的方法是使纤维多孔化，在纤维内部形成许多大小不一的孔隙。这些孔隙可以吸收和保留相当多的水分，使疏水性合成纤维的吸湿性、透水性大大提高。新型的高吸湿合成纤维主要有多孔聚丙烯腈纤维、多孔聚酯纤维和多孔聚酰胺纤维。

多孔聚丙烯腈纤维，如德国拜尔公司研制的多孔聚丙烯腈纤维“Dvnova”和日本钟纺公司研制的多孔聚丙烯腈纤维“Aqualon”，具有很高的吸湿性和透水性，强度和断裂伸长率都与普通腈纶相当，适合用作内衣和运动服的纤维原料。

多孔聚酯纤维如日本帝人公司开发的吸汗聚酯短纤维“Wellkey”和吸汗聚酯长丝“Wellkey Filament”，在该纤维上，直径为0.01～0.03 μm 的微孔均匀地分布在纤维的表面和中空部分。这些从表面通向中空部分的微孔通过毛细管作用吸收汗液。吸收的汗液通过中空部分扩散，并进一步从微孔蒸发到空气中去。汗液吸收的速度和扩散的速度比棉快，因而汗液不会留在皮肤上，使皮肤保持干燥，提高舒适性。

多孔聚酰胺纤维如日本可乐丽公司开发的多孔聚酰胺纤维“Clarino”，其微孔沿纵向排列，微孔尺寸较长，有时可形成连续的孔道。意大利 Sino Fiber 公司开发的“Fiber-S”纤维也是一种高吸湿性聚酰胺纤维，其吸湿性与棉相似，强度高，手感柔软。

第六节 纤维鉴别

鉴别纤维的方法很多,有手感目测法、燃烧法、显微镜观察法、化学溶解法、药品着色法、熔点法和红外吸收光谱鉴别法等。在纤维的鉴别工作中,往往需要综合运用多种方法,才能做出准确的结论。

一、手感目测法

根据纤维的外观形态、色泽、手感、伸长、强度等特征,通过手摸、眼看的方法,凭经验来初步判断出纤维的种类。手感目测法操作最简便,不需要任何仪器,但要求鉴别人员有丰富的经验。天然纤维中棉、麻、毛均属于短纤维,长度整齐度较差。棉纤维细、短而手感柔软;麻纤维手感粗硬,常因胶质而聚成小束;羊毛纤维柔软,具有天然卷曲而富有弹性;丝纤维细而长,具有特殊的光泽;化学纤维的长度一般较整齐,光泽不如蚕丝柔和。

手感目测法虽然简便,但是需要丰富的实践经验,另一方面难以鉴别化学纤维中的具体品种,因而有一定局限性。

二、燃烧法

燃烧法是简单而常用的一种鉴别方法。基本原理是利用不同化学组成的纤维的燃烧特征不同来鉴别纤维大类。鉴别方法是用镊子夹住一小束纤维或从织物中拆出一些纱线,慢慢移近火焰,仔细观察纤维束或纱线接近火焰、在火焰中以及离开火焰时,烟的颜色、燃烧的速度、燃烧时发出的气味以及燃烧后灰烬的特征,并加以记录,对照表 2-2 来进行判别。

表 2-2 几种纤维的燃烧特征

纤维名称	接近火焰	在火焰中	离开火焰后	燃烧后残渣形态	燃烧时气味
棉、麻、粘胶纤维、富强纤维	不熔不缩	迅速燃烧	继续燃烧	小量灰白色的灰	烧纸味
羊毛、蚕丝	收缩	渐渐燃烧	不易延烧	松脆黑色块状物	烧毛发臭味
涤纶	收缩、熔融	先熔后燃烧,且有熔滴落下	能延烧	玻璃状黑褐色硬球	特殊芳香味
锦纶	收缩、熔融	先熔后燃烧,且有熔滴落下	能延烧	玻璃状黑褐色硬球	氨臭味
腈纶	收缩、微熔发焦	熔融燃烧,有发光小火花	继续燃烧	松脆黑色硬块	有辣味
维纶	收缩、熔融	燃烧	继续燃烧	松脆黑色硬块	特殊的甜味
丙纶	缓慢收缩	熔融燃烧	继续燃烧	硬黄褐色球	轻微的沥青味
氯纶	收缩	熔融燃烧,有大量黑烟	不能延烧	松脆黑色硬块	有氯化氢臭味

燃烧法适用于单一成分的纤维、纱线和织物的鉴别,而对混纺产品、包芯纱产品以及经过防火、阻燃或其他整理后的产品鉴别不适用。

三、显微镜观察法

借助显微镜观察纤维的纵向和横断面形态特征，对照纤维的标准显微照片和资料可以正确地区分天然纤维和化学纤维。这种方法适用于鉴别纯纺、混纺和交织产品。

四、化学溶解法

化学溶解法是利用各种纤维在不同的化学溶剂中的溶解性能来鉴别纤维的方法。这种鉴别方法适用于各种纺织材料，包括染色的和混合成分的纤维、纱线和织物。

鉴别时，对于纯纺织物，只要把一定浓度的溶剂注入盛有待鉴别纤维的试管中，然后观察纤维在溶液中的溶解情况，如溶解、微溶解、部分溶解和不溶解等，并仔细记录溶解温度（常温溶解、加热溶解、煮沸溶解）。对于混纺织物，则需先把织物分解为纤维，然后放在凹面载玻片中，一边用溶液溶解，一边在显微镜下观察，从中观察两种纤维的溶解情况，以确定纤维种类。

用化学溶解法可以测定混纺纱线和混纺织物的混纺比。

五、药品着色法

药品着色法根据各种纤维对不同化学试剂的着色性能的差别来迅速鉴别纤维的一种方法，此法只适用于鉴别未染色或未经整理剂处理过的单一成分的纤维、纱线和织物。国家标准规定的着色剂为 HI—1 号纤维鉴别着色剂，常用的着色剂还有碘—碘化钾溶液和锡莱着色剂 A。

使用 HI—1 号着色剂时，先将纤维浸入热水浴中轻轻搅拌 10 分钟，使纤维浸透。将浸透的纤维试样放入煮沸的着色剂中煮沸 1 分钟，立即取出，用清水充分冲洗并晾干。根据着色情况，对照表 2-3 鉴别纤维。

表 2-3　几种常见纤维的着色反应

纤维种类	HI—1 号着色剂	碘—碘化钾溶液着色	锡莱着色剂 A
棉	灰 N	不染色	蓝
麻	深紫 5B（苎麻）	不染色	紫蓝（亚麻）
蚕丝	紫 3R	淡黄	褐
羊毛	桃红 5B	淡黄	鲜黄
粘胶纤维	绿 3B	黑蓝青	紫红
涤纶	黄 R	不染色	微红
锦纶	深棕 3RB	黑褐	淡黄
腈纶	艳桃红 4B	褐色	微红
丙纶	黄 4G	不染色	不染色
氨纶	红棕 2R	—	—
维纶	桃红 3B	蓝灰	褐
氯纶	—	不染色	不染色

六、红外吸收光谱鉴别法

各种材料由于结构基团不同,对入射光的吸收率亦不相同,对可见的入射光会显示出不同的颜色。利用仪器测定各种纤维对红外波段各种波长入射光的吸收率,可以得到各自的红外吸收光谱图。红外吸收图谱中的峰值位置,与纤维中的各种成分一一对应,纤维的化学成分不同,吸收图谱也不同。即使纤维内只含有少量的不同单体,红外吸收图谱也会出现相应的差异。可以借助已知纤维的红外吸收图谱对照,确定特征基团的吸收谱带是否相同,从而鉴定未知纤维。

这种鉴别方法比较可靠,但要求有精密的仪器,因此应用不普遍。

此外,鉴别纤维的方法还有双折射法、密度法、X 射线衍射法、含氯含氮呈色反应法、对照法等。

本章小结

本章主要讲述了纤维的分类及各类纤维的概念、纤维的结构、常用纤维的品种及其性能特点和应用、新型纤维的开发现状和纤维的鉴别等内容。

思考与练习

1. 解释下述名词

   天然纤维　化学纤维　再生纤维　合成纤维　长丝　缩绒性　热塑性　热定型
   公定回潮率　吸湿性　熔孔性

2. 常用的天然纤维有哪些?试述其服用性能上的主要特点。
3. 你所知的再生纤维有哪些?试述其服用性能上的主要特点。
4. 常用的合成纤维有哪些?试述其服用性能上的主要优点和缺点。
5. 请说出你今天所穿的每件服装的纤维原料是什么,及在服用过程中有什么优缺点?
6. 现有三种丝绸风格的面料,纤维原料分别是蚕丝、涤纶长丝和粘胶长丝,你如何将它们一一鉴别开来?

第三章

纱　线

机织物、针织物和编结物都是由纱线织成的，纱线的结构和性能对机织物和针织物的外观、手感、风格、性能有很大的影响。例如纱线的细度对织物的表面肌理有很大影响，纱线越细，则织物表面的纹理越细腻、精致，粗的纱线可以赋予织物粗犷而豪放的风格。再例如纱线的捻度对织物的外观和手感都有很大影响，无捻或弱捻的长丝纱线光滑而明亮，其织物就容易达到光滑的手感和明亮的光泽；强捻纱线不但可以使织物表面产生绉效应，还可以使织物产生爽利的手感，提高织物的悬垂性。而各种花式纱线则可赋予织物各种不同的肌理外观效果。

第一节　纱线的分类及其特征

一、纱线的分类

纱线的种类很多，常见的分类方法有以下几种：

（一）按纱线的纤维原料分

1. 纯纺纱线

由一种纤维原料构成的纱线。如纯棉纱线、纯毛纱线、纯麻纱线、纯粘胶纱线等。

2. 混纺纱线

由两种或两种以上的纤维混合所纺成的纱线。如涤纶与棉混纺而成的涤/棉纱线，羊毛、涤纶和粘胶混纺而成的毛/涤/粘纱线。

（二）按纱线中的纤维状态分

1. 短纤纱

由短纤维纺制而成的纱线。如棉纱、毛纱、亚麻纱、绢纺纱等。

除蚕丝以外的天然纤维纱线都是短纤线。

2. 长丝纱

由单根或多根长丝组成的纱线。

长丝纱又分为单丝纱和复丝纱。由单根长丝组成的长丝纱线称为单丝纱。由多根长丝组成的长丝纱线称为复丝纱。单丝纱主要用于制织透明度高的织物等。复丝纱广泛用于机织物和针织物中。

长丝纱表面光洁，没有毛羽。用长丝纱可以织制轻薄透明的织物，织物表面光洁，光泽明亮，手感柔滑。但无捻的长丝纱织物要足够紧密，否则，织物容易发生纰裂，接缝处缝迹处容易滑脱。

短纤纱表面有毛羽，手感丰满、光泽柔和，广泛用于机织物、针织物和缝纫线中。用短纤纱织制的织物与长丝纱织物相比，手感丰满，触感温暖，不容易粘贴身体。

（三）按纺纱工艺分

1. 普通棉纱和精梳棉纱

精梳棉纱比普通棉纱在纺纱过程中增加了精梳工序，使纤维得到进一步的梳理，并去除了短纤维，纱中纤维更加平行顺直，条干更加均匀，纱线更加光洁，可以纺制细度更细的纱线。

普通棉纱用于普通品质的棉织物，精梳棉纱用于高档的优质棉织物，特别是高支纱织物。

2. 精纺毛纱和粗纺毛纱

精纺毛纱是以较细、较长的优质羊毛为原料，经工序复杂的精梳纺纱系统纺制而成，纱内纤维平行顺直，纱线均匀、光洁，纱线细度细，用于加工精纺毛织物。粗纺毛纱是用精纺落毛和较粗短的羊毛为原料，用毛网直接拉条纺成纱，纱内纤维长短不匀，纤维排列不够平行顺直，结构疏松，纱线粗，捻度小，表面毛羽多，纱线细度粗，用于加工粗纺毛织物。

（四）按纱线结构分

1. 简单纱线

（1）单纱：由一股纤维束捻合而成的纱线；

(2) 股线:由两根或两根以上单纱捻合而成的纱线;

(3) 复捻多股线:由两根或两根以上股线捻合而成的纱线。

普通品质的棉织物、麻织物一般都是用单纱织成的,而高档的棉织物和麻织物一般是用股线织成的。精纺毛织物一般采用股线织制,精纺毛织物的经纱绝大多数情况下是股线。

2. 复杂纱线

具有较复杂的结构和独特的外观,包括花式纱线和变形纱。

(1) 花式纱线:通过各种加工方法而获得的具有特殊外观、手感、结构和质地的纱线。

(2) 变形纱:在热、机械或喷气作用下,由伸直状态的合成纤维长丝加工成的卷曲状长丝纱。

变形纱比普通长丝纱结构蓬松,伸长率大,弹性好,手感柔软,光泽柔和,覆盖性好。

(五) 按纱线的后加工分

1. 丝光纱

经过丝光处理的棉纱线。

2. 烧毛纱

经过烧毛加工的纱线。用燃烧的气体或电热烧掉纱线表面的毛羽,使纱线变得光洁的加工过程称为烧毛。

3. 本色纱

又称原色纱,是未经漂白或染色加工的纱线。

4. 染色纱

经过煮练和染色加工制成的纱线。

5. 漂白纱

经过煮练和漂白加工制成的纱线。

第二节 纱线的结构特点及其对服装面料的影响

纱线的结构包括纱线的细度、捻度、捻向和纤维分布特点等,对织物的外观和性能都有明显的影响。

一、纱线的细度及其对服装面料的影响

(一) 纱线细度

细度是衡量纱线最重要的指标,纱线的粗细影响织物的结构、外观和服用性能,如织物的厚度、外观肌理效果、刚硬度和耐磨性等。表示纱线粗细的指标按我国法定计量单位常采用线密度,即单位长度纱线的重量。通常表示纱线粗细的方法有定长制和定重制两种,前者数值越大,表示纱线越粗,如线密度和旦数;后者数值越大,表示纱线越细,如公制支数和英制支数。

1. 特克斯数(T_t)或称特数,旧称号数

指 1 000 m 长的纱线,在公定回潮率时的重量克数。若纱线试样的长度为 L(m),在公定回潮率时重量为 G(g),则该纱线的特克斯数(T_t)为:

$$T_t = \frac{G}{L} \times 1\,000$$

线密度的单位名称为特克斯,单位符号为 tex。

2. 旦数(N_{den})或称纤度

指 9 000 m 长的纱线在公定回潮率时的重量克数。化学纤维和长丝纱的粗细习惯上用旦数来表示。若纱线长度为 L(m),在公定回潮率时重量为 G(g),则旦数(N_{den})为:

$$N_{den} = \frac{G}{L} \times 9\,000$$

3. 公制支数(N_m)

指在公定回潮率时,1 g 重的纱线所具有的长度米数。若纱线长度为 L(m),公定回潮时重量为 G(g),则公制支数为:

$$N_m = \frac{L}{G}$$

习惯上,毛纺织、绢纺织、麻纺织行业中纱线的细度常用公制支数表示。纱线的公制支数数值越大,纱线越细。

4. 英制支数(N_e)

指公定回潮率时,1 磅重的纱线所具有的某标准长度的倍数,该标准长度视纱线种类而不同,棉和棉型混纺纱为 840 码。例如,1 磅重的棉纱长 8 400 码,则该棉纱的细度为 10 英支。

习惯上,棉纱线和棉混纺纱线细度常用英制支数表示。纱线的英制支数数值越大,纱线越细。

5. 细度指标的换算

纤维或纱线的各种细度指标可换算如下:

(1) 特数与公制支数的换算:

$$T_t = \frac{1\,000}{N_m}$$

(2) 特数与旦数的换算:

$$T_t = \frac{N_{den}}{9}$$

(3) 公制支数与旦数的换算:

$$N_m = \frac{9\,000}{N_{den}}$$

(4) 英制支数与特数的换算:

$$N_e = \frac{C}{T_t}$$

式中 C 为换算常数,随纱线的公定回潮率而异。对于纯棉纱线,C 为 583;对于 65/35 涤棉纱线,C 为 590.5。

(二)纱线细度对服装面料的影响

纱线细度对织物的结构、外观和服用性能有重要的影响。

1. 对织物结构的影响

纱线细度是一项重要的织物结构参数,在同样的织物组织和经纬纱密度(线圈密度)情况下,纱线越细,织物越稀疏,织物越轻薄,而纱线越粗,则织物越紧密,并且也越厚重。细支的纱线适合加工轻薄的面料,粗支的纱线适合加工厚实、坚牢的面料。

2. 对织物外观的影响

细支纱不但细度细,通常还光洁均匀,织制的织物外观一般都比较细致、光洁,织物风格上比较精致、典雅。而粗支纱不但粗,并且往往比较蓬松,织制的织物外观一般都比较粗犷或粗糙,具有休闲风格(图 3-1,图 3-2)。

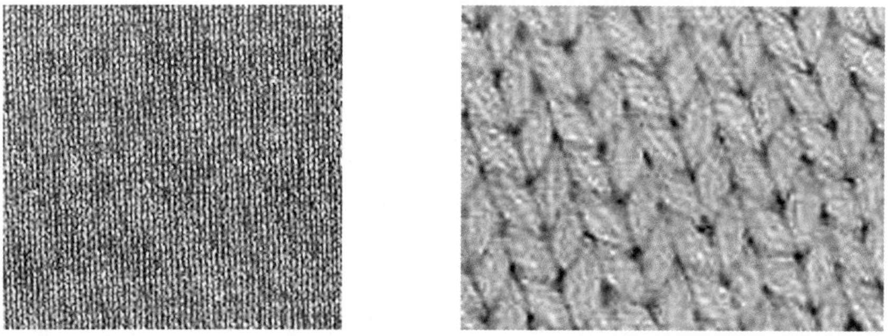

图 3-1 不同细度的纱线织制的纬平针组织的针织面料

图 3-2 不同细度的纱线织制的罗纹组织的针织面料

3. 对织物服用性能的影响

在同样的织物单位面积重量下,采用较细的纱线可以达到更高的紧密度,降低织物的透气性,提高织物的防风性和防水性。在相同的紧密度情况下,粗支纱织物比细支纱织物更挺括、抗皱性更好、更耐磨、强度更好。

二、纱线的捻度和捻向及其对服装面料的影响

(一)捻度和捻向

加捻对短纤纱而言是必须的。对于长丝纱,有时为了达到某些织物效果,也需要进行加捻

1. 捻度:纱线单位长度上的捻回数

棉纱通常以10 cm内的捻回数来表示,精纺毛纱通常以1 m内的捻回数表示。

短纤纱的捻度有普通捻和强捻两类;长丝纱的捻度有无捻、弱捻和强捻三类。

2. 捻向:纱线加捻的方向

纱线分S捻和Z捻两种捻向(图3-3)。加捻后纤维自左上方向右下方倾斜的,称为S捻;自右上方向左下方倾斜的,称为Z捻。股线捻向的表示方法是,第一个字母表示单纱捻向,第二个字母表示股线捻向。经过两次加捻的股线,第三个字母表示复捻捻向。例如单纱捻向为Z捻、初捻(股线加捻)为S捻、复捻为Z捻,这样加捻后的股线捻向以ZSZ表示。

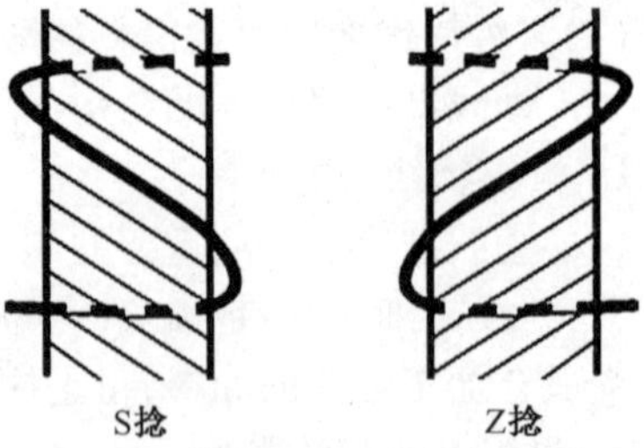

图3-3 纱线的捻向

(二)纱线捻度对织物的影响

短纤纱在无捻时,因光线从各根纤维表面上反射,纱的表面显得较暗,无光泽。而当短纤纱捻度达到一定值时,光线从比较光滑的表面上反射,反射量达到了最大值。当捻度继续增加时,纱线会发生捻缩作用,光线将在纱线表面的凹凸之间被吸收,因此反射的光线随捻度的继续增加而减弱。

无捻或弱捻的长丝纱织物容易发生纰裂。

长丝纱不加捻时光泽最亮,光泽随捻度的增加而减弱。

强捻的短纤纱和长丝纱织物表面都会呈现绉纹效应。

强捻纱织物手感干爽、利落。

强捻纱织物悬垂性好。

捻度小的纱线织制的织物表面容易起毛起球。

(三)纱线捻向对织物的影响

当一定数量的S捻、Z捻纱线在同一方向相间排列时,织物表面将产生隐条效应;当一定数量的S捻、Z捻纱线同时在经纬两个方向上相间排列时,织物表面将产生隐格效应。

当S捻和Z捻纱捻合在一起时,或捻度大小不等的纱线捻合在一起构成织物时,表面会呈现波纹效应。

第三节 花式纱线及应用

一、花式纱线的概念

花式纱线是指通过各种加工方法而获得的具有特殊外观、手感、结构和质地的纱线。由于制造成本较高和耐用性较差,未曾得到广泛的应用。随着花式捻线机的改进和化学纤维的不断创新,花式纱线的制造成本降低,花色品种增多。特别是,近年来人们对服装面料的耐用性要求有所降低,而对其外观美感要求提高,使得花式纱线很为流行,广泛应用于各种服装用机织物和针织物,编结物,围巾、帽子等服饰配件,以及装饰织物中。

（一）花式纱线的分类和结构

花式纱线常按其结构特征和形成方法进行分类，一般可分为三大类，即花色线、花式线和特殊花式线（表3-1）。

表3-1 花式纱线的分类

- 花式纱线
  - 特殊花式线
    - 包芯线
    - 金银丝线
    - 变形花式线
    - 拉毛线
    - 雪尼尔线
  - 花式线
    - 控制型
      - 竹节线
      - 大肚线
      - 毛虫线
      - 结子线
    - 超喂型
      - 螺旋线
      - 小辫线
      - 花圈线
      - 珠圈线
      - 圈圈线
  - 花色线
    - 彩点线
    - 混点线
    - 印花线
    - 彩虹线

（二）花式纱线基本结构

圈圈线和结子线等花式线，基本上由三部分组成，即芯纱、饰纱和固纱。

芯纱：位于纱的中心，是构成花式线强力的主要部分，一般采用强力好的涤纶、锦纶或丙纶长丝或短纤维纱。

饰纱：形成花式线的花式效果。

固纱：用来固定花型，通常采用强力好的细纱。

花式纱线的优点在于其独特的外观效果，但是，由花式纱线织成的织物通常强力较低，耐磨性差，容易起球和钩丝。

二、花式纱线的主要品种及应用效果

花式纱线种类繁多，以下为常见的几种花式线：

1. 圈圈线

这类纱线的主要特征就是在纱线表面有毛圈。毛圈可以是由纤维形成的，也可以是由纱线构成的。由纤维形成的毛圈蓬松，使纱线具有丰满、柔软的手感，加工成的织物不仅具有特殊的外观，也有较好的保暖性，较多地用于冬季女装面料。由纱线构成的毛圈清晰，如纱线捻度较大时，毛圈发生扭绞形成辫子线，可以用于夏季服装面料。（图3-4，图3-5）

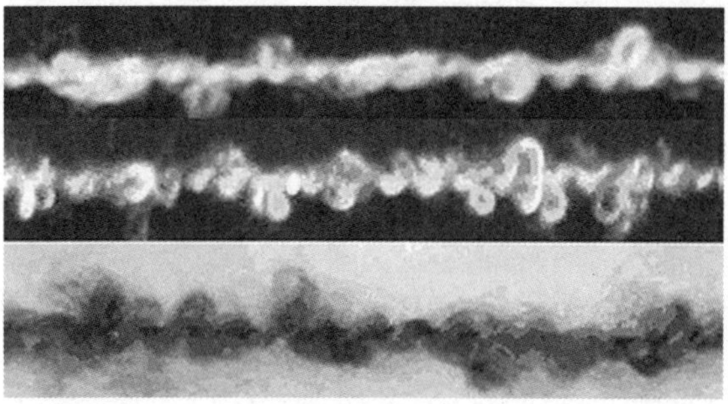

图3-4 几种具有不同圈圈效果的纱线

图3-5 圈圈纱织物

2. 竹节纱

竹节纱的特征是具有粗细分布不均匀的外观。从其外形分类有粗细节状竹节纱、疙瘩状竹节纱、蕾状竹节纱和热收缩竹节纱等;从原料分类有短纤维竹节纱和长丝竹节纱等。此外,还可按纺纱方法分为不同的竹节纱。(图3-6,图3-7)

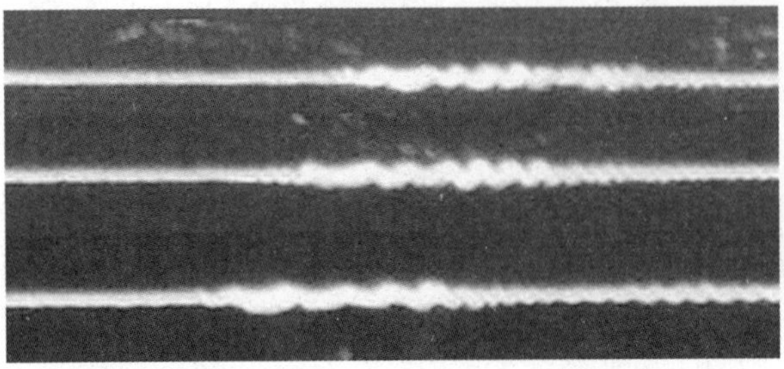

图3-6 竹节纱

图3-7 竹节纱牛仔布

3. 结子线

结子线也称疙瘩线。结子线通常是由芯线和饰线两组纱线组成,结子由饰线形成。选择不同的饰线、改变加工时饰线的喂入量和结子纱线的卷取状态均可以使结子的长度、大小、颜色、间距发生变化。长结子也称为毛毛虫,短结子可单色或多色。(图3-8,图3-9)

图3-8 结子线

图3-9 结子线织物

4. 大肚纱

大肚纱也称断丝线。在纱线加捻过程中,间隔性地加入一小束纤维,并使这束纤维被包覆在加捻纱线的中间,形成局部的突起。改变加入纤维束的大小和颜色,可以形成不同突起效果和具有隐约颜色效果的大肚纱。(图3-10,图3-11)

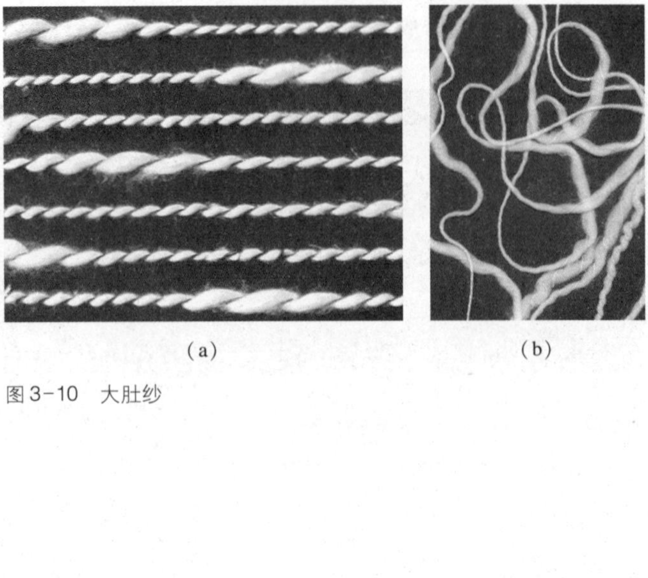

(a) (b)

图3-10 大肚纱

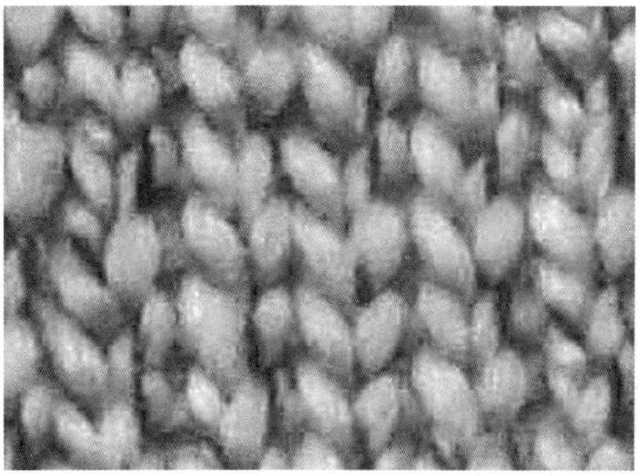

(a)

(b)

图3-11 大肚纱针织物

5. 彩点线

其特征为纱上有单色或彩色点，这些彩点长度短，体积小。通常的加工方法是先把彩色纤维（细羊毛或棉花）搓成用来点缀的结子，再按一定的比例混入到基纱的原料中，结子和基纱具有鲜明的对比色泽，从而形成有醒目彩色点的纱线。这种纱线可以用于女装和男式休闲服装的面料，如粗纺毛织物中的钢花呢（图3-12）。

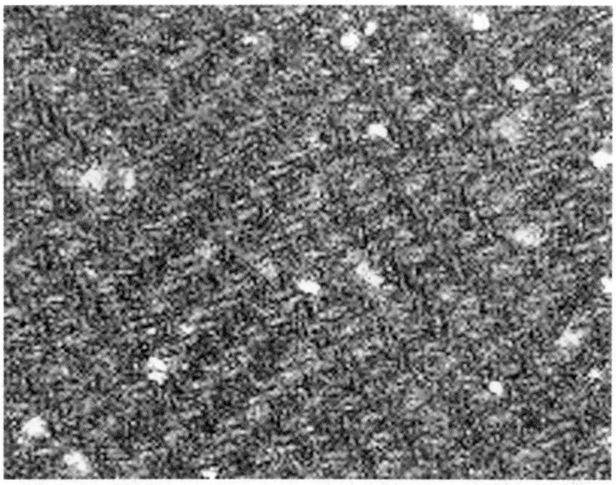

图3-12 钢花呢——典型的彩点线织物

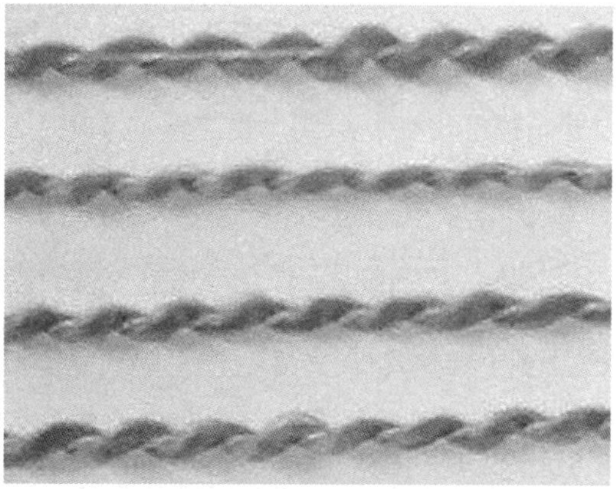

图3-13 螺旋线

6. 螺旋线

螺旋线是由不同色彩、纤维、粗细或光泽的纱线捻合而成。一般饰纱的捻度较少，纱较粗，它绕在较细且捻度较大的纱线上，加捻后，纱的松弛能加强螺旋效果，使纱线外观好似旋塞。这种纱弹性较好，织成的织物比较蓬松，有波纹图案。（图3-13）

7. 辫子线和花股线

辫子线也称多股线，先以两股细纱合捻，再把合股加捻的双股线两根或几根合并加捻，常用

于毛线。(图3-14)

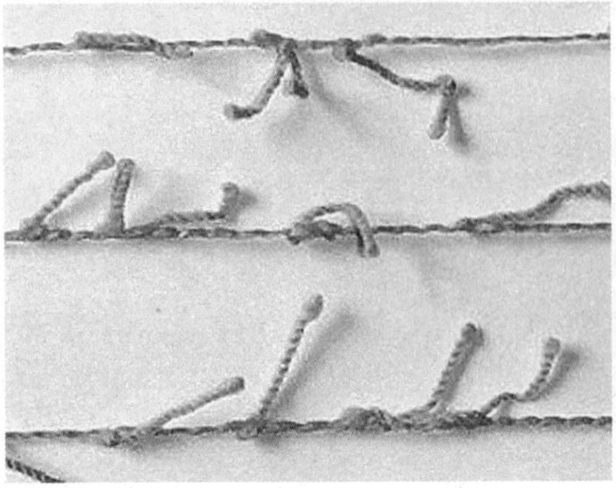

图3-14　辫子线

如采用两种不同色泽的细纱合股而成,则称花股线或AB线。若A、B色互为补色,则合股后有闪光效应。

8. 金银丝线和夹丝线

这类纱线一般采用铝箔镀上聚酯薄膜后进行切割的方法获得,因此成扁平状。在铝箔镀膜的过程中加入颜色,就可以获得彩色的金属线。金银丝线的适量运用可以赋予织物华丽的外观,但金银丝线容易使织物手感变得粗糙。

在水洗时,铝特别容易氧化,而且会由于碱性物长时间附着,使其变质、脱落,从而造成金银线的变色与光泽变暗。所以必须使用中性洗涤剂,水洗用力要适当。这种纱线的耐热性很差,受热后极易收缩变形,因此在使用和保养时必须非常注意。

9. 拉毛线

有长毛型和短毛型两种。前者是先纺成花圈线,然后再把毛圈用拉毛机上的针布拉开,因此毛茸较长;后者是把普通毛纱在拉毛机上加工而成,所以毛茸较短。拉毛线多用于粗纺花呢、手编毛线、毛衣和围巾等,产品茸毛感强,手感丰满柔软。长毛型拉毛线的饰纱常用光泽好、直径粗的马海毛或较粗的有光化学纤维制成,以用来增进织物的美观。拉毛线由于有固纱加固,因此茸毛不易掉落,耐用性好。(图3-15)

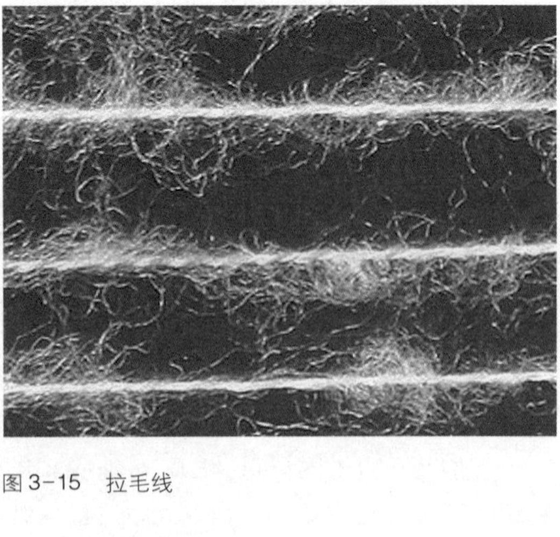

图3-15　拉毛线

10. 包芯纱线

这类纱线由芯纱和包覆纱组成。芯纱和包覆纱的选择取决于纱线的用途要求。包芯纱线的芯纱可以是长丝,也可以是短纤维,以短纤维作为芯纱的也称为包缠纱。一般,以长丝作为芯纱时,目的是通过芯纱获得较高的强度或较好的弹性,通过包覆纱获得某种外观和表面特性。以短纤维作为芯纱时,目的是通过芯纱获得蓬松的手感,通过包覆线固结芯纱和获得特殊的外观。

包芯纱中两组纱线的价格往往是不同的,因此适当的配置两组纱线的成分,可以在获得特殊的性能的基础上,进一步达到降低成本的目的。此外,如果两组纱线的吸色性不同,还可以通过调节纱线的包覆度而获得杂色效果的纱线。

11. 雪尼尔线

雪尼尔线是一种特制的花式纱线,其特征是纤维被握持在合股的芯纱上,状如瓶刷,手感柔软,广泛用于手工毛衣,具有丝绒感。(图 3-16)

图 3-16 雪尼尔线

本章小结

本章主要讲述了纱线的分类及各种纱线的概念和特点,纱线的细度、捻度和捻向的概念及对织物的影响,花式纱线的种类和特点。

思考与练习

1. 解释名词或术语:短纤纱、长丝纱、纯纺纱线、混纺纱线、单丝纱、复丝纱、花式纱线、变形纱、单纱股线、特克斯数、旦数、公制支数、英制支数、纱线捻度、纱线捻向。
2. 收集棉织物、毛织物、丝织物和涤纶织物各 2 块,分析说明纱线种类、捻度和捻向。
3. 试述普梳纱和精梳纱的区别。
4. 收集 5 种花式纱线织成的织物,描述其外观、手感特点及在服装上的合理运用。

第四章

织物概述

织物是由纱线或纤维按照一定方法制成的柔软且有一定力学性能的片状物。织物是从纺织的角度对这类产品的称呼，在服装上广泛用作服装面料、里料和衬料。由于织物加工方法的不同、纤维原料的不同、纱线的不同、织物结构的不同和织物染色后整理的不同，织物呈现出多种多样的外观和不同的性能。本章从织物加工和织物结构角度对织物进行概述。

第一节 织物分类

一、按加工方法分

织物按加工方法可以分为:机织物、针织物、编结物和非织造布。

(一) 机织物

机织物是由经纱和纬纱系统在织机上按照一定规律相互垂直交织而成的织物。在制作服装时,经纱一般沿垂直方向,纬纱沿水平方向。与其他种类的织物相比,机织物一般形态稳定性好,不易变形,延伸性差,强度高。(图4-1)。

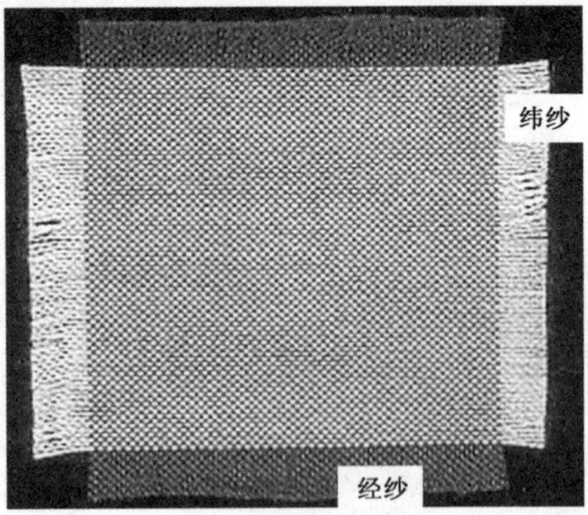

图4-1 机织物中的经纱和纬纱

(二) 针织物

针织物是用织针将纱线构成线圈,再把线圈相互串套而成的织物。与其他种类的织物相比,针织物延伸性好,弹性好,手感柔软,抗皱性好,透气性好,但容易变形,保形性差,强度不及机织物。(图4-2)

(三) 编结物

编结物是由纱线用结节互相连接或钩编、绞编等手法制成的制品,如网、花边、绳带等。与其他种类的织物相比,编结物延伸性较好,透明度高,透气性好。(图4-3)

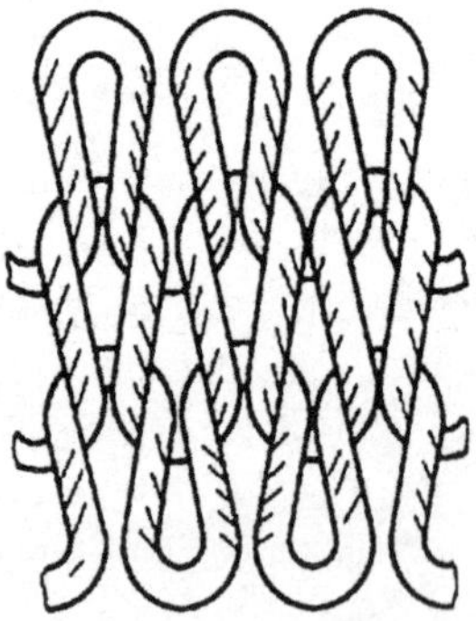

图4-2 针织物中的线圈

图4-3 一种编结物

(四) 非织造布

非织造布是以纺织纤维为原料经过粘合、熔合或其他化学、机械方法加工而成的薄片或毛毡状制品。非织造布的外观似纸,强度低,悬垂性差,延伸性差。在服装上多用作粘合衬的基

布，也可用作手术服等“用即弃”服装的面料。（图4-4）

图4-4 非织造布手术服

二、按纤维原料分

织物按所采用的纤维原料可以分为纯纺织物、混纺织物和交织物。

（一）纯纺织物

纯纺织物是由同一种纤维为原料纺成纱线，再织造成的织物。例如：(纯、全)棉织物、(纯、全)毛织物、(纯、全)真丝织物、(纯、全)涤纶织物等。纯纺织物的名称中仅含有一种纤维的名称。

（二）混纺织物

混纺织物是由两种或两种以上纤维为原料混合纺成纱线，再织造成的织物。例如：由棉和涤纶的混纺纱线织成的织物称为涤/棉混纺织物，以此类推，还有毛/涤混纺织物，棉/麻混纺织物，毛/涤/粘三合一混纺织物等。在混纺织物的名称中，所含比例高的纤维名称在前，所含比例低的纤维名称在后。

（三）交织物

交织物分为两类。一类是由原料不同的经纱和纬纱交织而成的织物，如经纱用棉纱，纬纱用粘胶长丝织成的“线绨”；另一类是经纬纱中一组用短纤纱、另一组用长丝纱交织而成的织物，例如，以涤/棉纱作经纱、涤纶长丝作纬纱的涤/棉纬长丝织物，以有光粘胶长丝作经纱、以棉纱线作纬纱交织而成的羽纱。

三、按织物的风格分

织物按其所具有的外观风格特征可分为棉型织物、毛型织物、麻型织物和丝型织物。

（一）棉型织物

棉型织物是具有棉织物风格的织物，包括全棉织物、棉混纺织物和棉型化纤织物。棉型织物一般手感柔软，光泽较暗淡，外观朴实自然。根据织物厚重度的不同，棉型织物可作衬衫面料、连衣裙面料、风衣面料、夹克面料等。（图4-5，图4-6）

图4-5 棉府绸衬衫

图4-6 棉布连衣裙

棉型化纤的长度、细度均与棉纤维相接近，一般细度为1.3～1.7 dtex、长度为33～38 mm。棉型化纤通过棉纺系统纺纱，再根据传统棉织物的结构参数进行织造和整理，织物具有棉型感。常用的棉型化纤有涤纶、维纶、丙纶、粘胶、富纤等短纤维。

（二）毛型织物

毛型织物是具有毛织物风格的织物，包括全毛织物、毛混纺织物和化纤仿毛织物。毛织物又分精纺毛织物和粗纺毛织物两类，所以毛型织物也有相应的两类。毛型织物一般比较挺括、有身骨，手感软糯、丰满，适合制作干练风格的服装。（图4-7，图4-8，图4-9）

图4-7　精纺羊毛面料女套装

图4-8　精纺羊毛面料西服

图4-9　粗纺羊毛面料大衣

(三) 丝型织物

丝型织物是用蚕丝或化纤长丝纯纺或交织而成的织物的统称。丝型织物具有丝绸感，一般都比较轻薄，光滑明亮，悬垂性好，多数适合柔美造型的服装。常用的化纤长丝有涤纶长丝、锦纶长丝、粘胶长丝、富纤长丝、Lyocell长丝等。(图4-10)

图4-10 丝绸面料的礼服

图4-11 亚麻细布连衣裙

(四) 麻型织物

麻型织物是具有麻织物风格的织物。包括纯麻织物、麻混纺织物和化纤仿麻织物。麻型织物表面具有明显的粗细不匀的粗犷外观风格，手感爽利。(图4-11)

四、按印染加工方法分

织物按印染加工方法的不同又可以分为：原色织物、漂白织物、染色织物、印花织物、色织物和色纺织物。

(一) 原色织物

原色织物是未经印染加工的本色布。如本色棉平布、本色涤/棉细布等。

(二) 漂白织物

漂白织物是本色坯布经煮炼、漂白加工后得到的织物。织物表面色泽洁白，给人清爽、洁净之感，如漂白棉布、漂白麻布、漂白针织汗布等。

（三）染色织物

染色织物是经染色加工后得到的有色织物。染色织物一般为素色，几乎可以染成所要的任何颜色。浅色织物给人以凉爽、轻松的感觉，而且褪色不明显，适合用作内衣面料、炎热及温暖季节的服装面料；深色织物给人以稳重感，而且比较耐脏，适合用作寒冷季节的外衣面料，但一般存在褪色问题，在与白色和浅色的拼接和同浴洗涤时，应注意沾色问题。

（四）印花织物

印花织物是经印花加工后得到的表面有花纹图案的织物。除了传统的筛网印花、辊筒印花外，还有转移印花、多色淋染印花、数码喷射印花等新技术，使花型更加丰富、新颖。印花织物的色彩和图案应该与该织物的质地相得益彰。

（五）色织物

色织物是将纱线全部或部分染色，再织成各种不同色的条、格及小提花织物。以棉纤维为原料的色织物又称为色织布。色织精纺毛织物绝大多数被称为精纺花呢，色织粗纺毛织物绝大多数被称为粗纺花呢。色织物的图案清晰，色彩界面分明，并富有一些立体感。（图4-12）

图4-12 色织布衬衫

（六）色纺织物

色纺织物是先将部分纤维染色，再将其与原色（或浅色）纤维按一定比例混纺，或两种不同色的纱混并，再织成织物。色纺织物通常具有混色效果。常见的织物品种如派力司、啥味呢、法兰绒等。

五、按功能分类

织物按功能可分为两大类：普通织物和功能性织物。

功能性织物是具有某方面特殊功能的织物。

功能性织物主要有抗菌织物、阻燃织物、防水织物、防油织物、防紫外线织物、防电磁辐射织物、抗静电织物、防蛀织物等。功能性织物的功能性可由功能性纤维赋予，也可通过功能性的后整理来获得。对于阻燃织物、抗静电织物和防电磁辐射织物，用功能性纤维加工的功能性织物，其功能性和功能保持性优于通过功能整理得到的功能性织物。

第二节 机织物的结构

机织物的结构参数是影响机织物服用性能和风格特征的重要因素。机织物的结构参数包括：经纬纱线的细度、织物密度、织物组织、织物幅宽、厚度、单位面积重量等。

一、经纬纱线的细度

经纬纱线的细度对织物的外观、手感、服用性能均有明显的影响。在其他条件相同时，较细的纱线织成的织物较为轻薄、柔软、细腻，但坚牢度要差一些。在机织物中，经纬纱细度一般以“经纱细度×纬纱细度”表示。

二、机织物的紧密度

机织物的紧密程度是影响织物的外观、手感、强度、耐磨性、透气性、抗钩丝性能等的重要结构参数。

(一) 机织物的密度

纱线细度相同的机织物之间，其紧密程度可用织物密度来区分，分经纱密度(经密)和纬纱密度(纬密)。

经纱密度：织物沿纬向单位长度内排列的经纱根数。

纬纱密度：织物沿经向单位长度内排列的纬纱根数。

织物密度的单位一般为根/10 cm。丝织物密度单位可用根/1 cm 来表示，习惯上，棉织物的密度单位用根/英寸来表示。经纬纱密度一般以“经密×纬密”表示。

在其他条件相同时，经纬密度越大，则织物越紧密，织物手感越刚硬，织物强度越好，透气性越差，越不容易钩丝。

(二) 机织物的紧度

当两种织物的纱线粗细不同时，其紧密程度不能用密度加以区分，而应采用织物紧度这个指标。

织物总紧度：织物中纱线的投影面积与织物的全部面积之比，用百分数表示。

经向紧度：织物中经纱的投影面积与织物面积之比，用百分数表示。

纬向紧度：织物中纬纱的投影面积与织物面积之比，用百分数表示。

织物的紧度越大，织物就越紧密，织物手感越刚硬，织物强度越好，透气性越差，越不容易钩丝。

对于无捻或弱捻的长丝织物，要特别注意其紧密度是否足够大，如果紧密度偏小，这类织物就容易发生纰裂。

(三) 机织物的物理量度

1. 机织物的长度

一般用匹长(m)来度量，匹长通常是根据该织物的种类、用途、重量、厚度和卷装容量等因素决定的。棉织物一般为 30 ~ 50 m；精纺毛织物一般为 60 ~ 70 m；粗纺毛织物一般为 30 ~ 40 m；丝织物一般为 25 ~ 50 m。

2. 机织物的幅宽

机织物的幅宽：机织物两侧布边间的垂直距离，单位为厘米(cm)。

棉织物幅宽分中幅和宽幅，中幅为 81.5 ~ 106.5 cm，宽幅为 127 ~ 167.5 cm。精纺毛织物幅宽为 144 cm 或 149 cm，粗纺毛织物幅宽为 143 cm、145 cm 和 150 cm 三种，毛织物均为双幅。长毛绒织物幅宽为 124 cm，驼绒幅宽为 137 cm，丝织物幅宽范围为 73 ~ 140 cm，化纤织物幅宽多为 144 cm 左右。

3. 织物的厚度

在一定压力下，织物正反面间的距离称为织物厚度，单位为毫米（mm）。织物厚度与织物的保暖性、通透性、成型性、悬垂性、耐磨性及手感、外观风格有着密切的关系，但一般不作为贸易考核的指标。织物的厚度可分为薄型、中厚型和厚型三类。（表 4-1）

表 4-1　棉、毛、丝织物厚度分类表　（单位：mm）

织物类别	棉织物	毛织物		丝织物
		精纺毛织物	粗纺毛织物	
薄型	0.25 以下	0.40 以下	1.10 以下	0.14 以下
中厚型	0.25～0.40	0.40～0.60	1.10～1.60	0.14～0.28
厚型	0.40 以上	0.60 以上	1.60 以上	0.28 以上

4. 织物的重量

织物的重量通常用来描述织物的厚重程度，织物的重量以每平方米克重（g/m^2）或以每米克重（g/m）计量。织物的品种、用途、性能不同，对其重量的要求也不同，各类织物均可根据自身特点将其分为轻型、中厚型或厚重型（表 4-2）。一般轻型织物轻薄光洁、手感柔软滑爽、透气性好，常用于夏季服装或内衣材料。厚重型织物厚实保暖、坚牢、刚性较大，适于冬装面料。

表 4-2　毛织物的重量分类　（单位：g/m^2）

织物类别	精纺毛织物	粗纺毛织物	
		普通衣着面料	大衣面料
轻薄型	195 以下	300 以下	450 以下
中厚型	195～315	300～400	450～500
厚重型	315 以上	400 以上	500 以上

三、机织物的织物组织

机织物中，经、纬纱相互交错、上下沉浮的规律称为织物组织。纵向排列（与布边平行）的纱线称为经纱；横向排列（与布边垂直）的纱线称为纬纱。（图 4-13，图 4-14）

经纱与纬纱交织的交叉点，称为组织点。凡经纱浮在纬纱上面的组织点称经组织点（经浮点）；凡纬纱浮在经纱之上的组织点称纬组织点（纬浮点）。

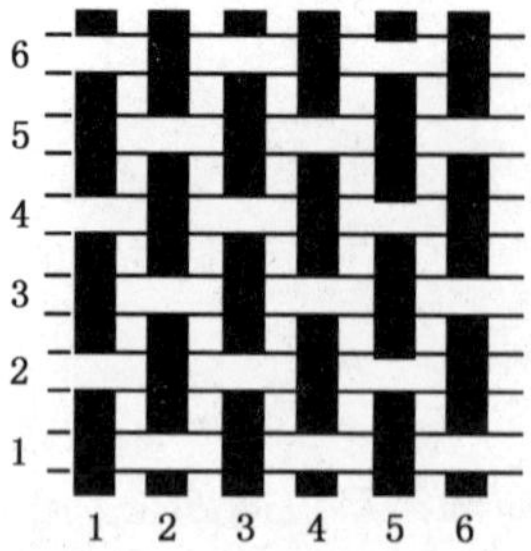

图 4-13　机织物结构示意图

图 4-14　机织物组织图

织物内经组织点和纬组织点的沉浮规律重复出现为一个组成单元时，该组成单元称为一个组织循环或称为一个完全组织。构成一个组织循环的经纱根数称为组织循环经纱数；构成一个组织循环的纬纱根数称为组织循环纬纱数。如图4-13中，第3、4根经(纬)纱分别与第1、2根经(纬)纱沉浮规律相同，其组织循环经纱数和纬纱数均为2。

为了使织物的组织能够清楚、简便地表达出来，通常用一种简单明了的图解来描绘，称为组织图，一般用方格法来表示，如图4-14。格子内填入符号或涂满颜色的为经组织点，空白的格子则为纬组织点。绘制组织图时，只需绘出一个组织循环即可。

在组织循环中，同一系统的相邻两根纱线上，相应的经(纬)组织点间相距的组织点数称为飞数。沿经纱方向计算，相邻两根经纱上相应两个组织点间相距的组织点数称经向飞数；沿纬纱方向计算，相邻两根纬纱上相应组织点间相距的组织点数称纬向飞数。

机织物组织的种类可分为原组织、变化组织、联合组织、复杂组织和大提花组织等。

(一) 机织物的原组织

原组织又称基本组织，是最基础的织物组织。原组织包括平纹、斜纹和缎纹三类组织，常称三原组织。

1. 平纹组织

平纹组织的经纱与纬纱以一上一下的规律交织，见图4-14。平纹组织是所有织物组织中最简单、使用最多的一种组织。平纹组织可用分式形式$\frac{1}{1}$来表示，读作一上一下。其分子代表经组织点，分母代表纬组织点，分子与分母之和是一个组织循环中经纱或纬纱的根数。

平纹组织的特点：交织次数最多，浮长线最短，正反面相同，织物结构最容易达到稳定，因此，平纹组织的织物可以达到最轻薄，织物坚牢、耐磨、手感较硬，但弹性较小，光泽较差；其次，平纹织物正反面的外观效应相同，表面平坦，花纹单调。

平纹组织的织物品种有很多，利用不同原料、纱线细度、捻向、捻度大小、经纬密度、花色纱线等，可产生不同风格的平纹织物。例如：棉织物中的平布、府绸；毛织物中的凡立丁、派力司、薄花呢；丝织物中的电力纺、乔其纱、塔夫绸；麻类织物中的夏布、爽丽纱；化纤织物中的人棉布、涤丝纺、尼丝纺等。

2. 斜纹组织

斜纹组织相邻经(纬)纱上连续的经(纬)组织点构成斜纹线，使织物表面呈现由经(纬)浮长线形成的倾斜纹路(图4-15)。斜纹组织是由三根或三根以上的经纬纱组成一个组织循环，经纬向飞数均为1或-1。分式右侧的箭头表示斜纹方向。

图4-15 $\frac{2}{1}\nearrow$组织图

斜纹组织织物的特点：经纬纱交织次数比平纹少，纱线可排列更紧密，一般织物密度较大，织物就较为厚实；纱线浮长比平纹组织的长，织物的光泽较好，手感较为松软，弹性比平纹好。

采用斜纹组织的织物品种也很多。例如：棉型织物中的斜纹布、卡其、牛仔布等；毛型织物中的单面华达呢；丝型织物中的真丝斜纹绸、美丽绸等。

3. 缎纹组织

缎纹组织是原组织中最复杂的组织。其特点是相邻两根纱线上对应组织点相距较远，即飞数大于1，但单独组织点分布均匀。而平纹、斜纹组织的单个组织点是连续的。缎纹组织表面呈现较长的经(纬)浮长线，图4-16即为缎纹组织。

一个缎纹组织的组织循环纱线数至少为5(6除外),其中5、8用得最多,飞数大于1而小于组织循环纱线数。缎纹组织也可用分式表示,但其分子代表组织循环纱线数,分母代表飞数。经面缎纹组织用经向飞数表示,纬面缎纹组织用纬向飞数表示,如图4-16(a)表示五枚三飞的经面缎纹,图4-16(b)表示五枚二飞的纬面缎纹。

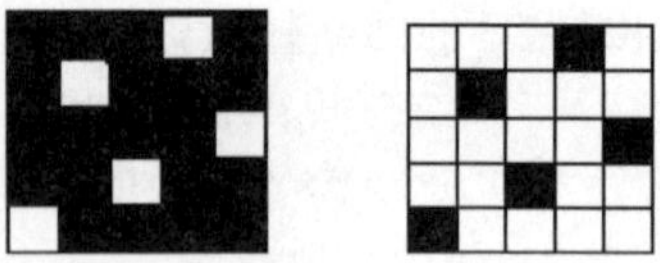

(a) $\frac{5}{3}$经面缎纹　(b) $\frac{5}{2}$纬面缎纹

图4-16　经面缎纹和纬面缎纹

缎纹组织织物的特点是:正面看不出明显的交织点,织物表面平滑而富有光泽,质地柔软,悬垂性较好,但耐磨性较差,易摩擦起毛、勾丝。

采用缎纹组织的织物品种也不少。棉型织物中有直贡呢、横贡缎;毛型织物中有直贡呢;丝型织物中有软缎、绉缎、织锦缎等。

(二)机织物的变化组织

变化组织是在原组织的基础上变化而来。变化组织分为平纹变化组织、斜纹变化组织、缎纹变化组织。它们仍保持原组织的基本特征。

1. 平纹变化组织

平纹变化组织是在平纹组织的基础上延长组织点,并扩大组织循环而形成。平纹变化组织有重平(经重平、纬重平)、变化重平、方平、变化方平等。

(1) 重平组织

图4-17(a)为$\frac{2}{2}$经重平组织,图4-17(b)为$\frac{2}{2}$纬重平组织。由于平纹组织沿经(纬)向延长一个组织点,致使织物表面呈现横凸(纵凸)条纹。变化重平组织仍以平纹组织为基础,间隔地沿着经向或纬向延长组织点,并扩大组织循环而形成,图4-17(c)为$\frac{2}{1}$变化经重平组织,多为毛巾织物的地组织。

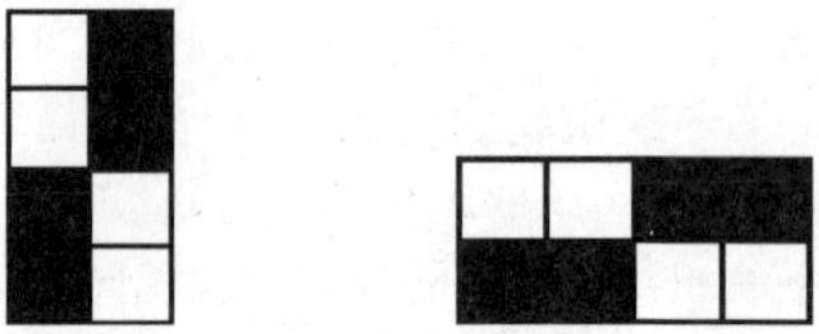

(a) $\frac{2}{2}$经重平组织　(b) $\frac{2}{2}$纬重平组织

(c) $\frac{2}{1}$变化经重平组织

图4-17　重平组织

(2) 方平组织

图4-18所示的为$\frac{2}{2}$方平组织。方平组织是以平纹组织为基础,在平纹组织上沿着经纬向同时延伸其组织点,并把组织点填成小方块。这类组织的织物,外观平整而有颗粒感。帆布的织物组织就是方平组织。

图4-18　$\frac{2}{2}$方平组织

2. 斜纹变化组织

由原组织的斜纹组织经延长组织点浮长、改变斜纹线方向,或兼用几种变化方法得到的斜纹组织。变化斜纹组织种类很多,下面仅介绍几种常用的组织。

(1) 加强斜纹组织

加强斜纹组织:以原组织的斜纹组织为基础,增加经(纬)组织点而成的斜纹变化组织。

加强斜纹组织中用的最多的是二上二下斜纹组织,多用于织制华达呢、哔叽、双面卡其等织

物品种。(图 4-19)

图 4-19 $\frac{2}{2}\nearrow$斜纹

(2) 复合斜纹组织

复合斜纹组织:具有两条或两条以上粗细不同的斜纹线组成的斜纹变化组织。

(3) 角度斜纹组织(急斜纹和缓斜纹)

角度斜纹组织:飞数的绝对值大于1的斜纹变化组织。角度斜纹组织又分为急斜纹和缓斜纹。织物品种有马裤呢等。

(4) 山形斜纹组织

改变斜纹线方向,使其一半向右倾斜,一半向左倾斜,在织物表面形成对称的连续山形斜纹,因形状似人字,故又称人字形斜纹(图 4-20),织物品种有人字呢等。

图 4-20 山形斜纹

(5) 破斜纹组织

若在山形斜纹改变斜纹方向处,组织点不连续,有一条明显的分界线,呈现不连续的"断界"效应,则为破斜纹组织(图 4-21),常用于织制花呢、海力蒙、大衣呢等。

图 4-21 破斜纹

此外,还有曲线斜纹、菱形斜纹、芦席斜纹、飞斜纹等变化斜纹组织。

3. 缎纹变化组织

主要有以下两种:

(1) 加强缎纹组织

以原组织中的缎纹组织为基础,在其单独经(纬)组织点的四周添加单个或多个经(纬)组织点而形成,因此,也叫加点缎纹。加强缎纹织物仍是缎纹组织外观,但由于交织点增多,浮长线缩短,从而提高了织物的坚牢度。

织物若采用大经密,可以得到正面呈斜纹,反面呈缎纹的外观,如缎背华达呢等。

(2) 变则缎纹组织

飞数是变数的缎纹组织,称为变则缎纹。

此外,还有重缎纹、阴阳缎纹、阴影缎纹等缎纹变化组织。

(三) 机织物的联合组织

机织物的联合组织是由两种或两种以上的原组织或变化组织联合而成。其联合的方式多种多样,可由两种组织的简单联合,也可在一种组织上按照另一组织的规律增减组织点,或两种组织纱线的交互排列等。不同的联合方式,可获得多种不同的联合组织,其外观效果也各具特色。

1. 条格组织

条格组织是用两种或两种以上的组织沿织物的纵向或横向并列配置,使之呈现清晰的条纹或格子外观。纵条纹组织在棉、毛、丝织物中应用较多。把纵条纹和横条纹结合起来就构成格组织。(图 4-22)

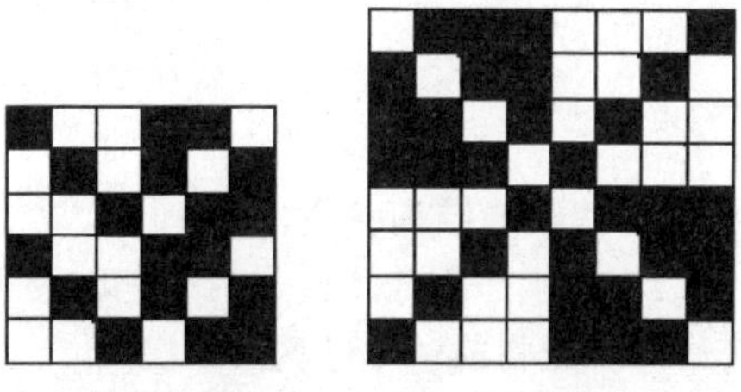

(a) 纵条纹组织　　(b) 格组织

图 4-22 条格组织

2. 绉组织

绉组织是利用经纬纱不同浮长交错排列。使织物表面具有分布均匀呈细小颗粒、凹凸不很明显的外观效果，形成起绉效应。如果采用强捻纱线织制，可加强织物起绉效果。

绉组织织物手感柔软、质地丰厚、弹性较好、光泽柔和，常见的织物如树皮绉、绉纹呢、女衣呢、花呢等。

3. 透孔组织

由于经纬纱浮长的不同，在交织作用下，经(纬)纱会相互靠拢，集合成束，在束与束之间形成均匀分布的小纱孔(图4-23)。由于织物外观类似复杂组织中的纱罗组织织物，因此又称为"假纱组织"。

图4-23　透孔组织

透孔组织织物表面具有均匀分布的小孔，适于制作夏令服装，窗帘、桌布等装饰品。

4. 蜂巢组织

蜂巢组织织物表面具有明显的凹凸方形、菱形或其他几何形如蜂巢状的织纹。简单的蜂巢组织是以菱形斜纹为基础变化而成。蜂巢组织织物质地稀松、手感柔软、美观、保暖，有较强的吸水性。常用于女式呢、围巾、床毯、浴巾等的织物中。

5. 网目组织

网目组织织物是以平纹(或斜纹)为地组织，然后每隔一定距离有一曲折的经(纬)浮长线在织物表面，形成网络。网目组织有较强的装饰性，广泛用于府绸、细纺等品种的织物中。

6. 凸条组织

凸条组织是由浮线较长的重平组织和另一种简单组织联合而成的组织。织物表面上有纵向、横向或斜向的凸条，织物的反面则为纬纱或经纱的浮线组织，其中简单组织参与固结浮长线的作用，形成织物的正面。如果所围绕的是纬重平的纬浮线，则得到纵凸条纹。织物常见于灯芯布、女线呢、凸条花呢等。

(四) 机织物的复杂组织

复杂组织是由一组经纱与两组及以上纬纱或两组及以上经纱与一组纬纱所构成，或各由两组经纬纱共同交织而成的。这类结构能增加织物厚度和提高织物的耐磨性，而表面致密，或能改善织物透气性而结构稳定，赋予织物一些简单组织织物无法达到的性能和外观。

常见的复杂组织有：二重组织、双层组织、起毛组织、毛巾组织、纱罗组织和大提花组织等。

第三节　针织物的结构

一、针织物的结构参数

根据生产方式不同，针织物又可分为纬编和经编两种形式。

(一) 针织物的基本结构

1. 纬编针织物的基本结构

纬编针织物是纱线沿着横向顺序弯曲成圈，并相互串套而形成的针织物。线圈由圈干1—

2—3—4—5 组成，圈干的直线部分 1—2、4—5 为圈柱，2—3—4 为圈孤。5—6—7 为沉降孤，由它连接相邻的两个线圈。两个左右相邻线圈对应点间距 A 表示圈距，两个上下相邻线圈对应点距离 B 称为圈高。（图 4-24）

由线圈圈柱覆盖着圈孤的一面称作针织物的正面；反之则称之为反面。由于圈柱对光线反射一致，因此，正面的光泽好些，反面则暗淡些。

若线圈的圈柱或圈孤集中分布在针织物一面，称为单面针织物，其正反面外观区别较大。若线圈圈柱分布于针织物两面，称为双面针织物，其两面外观无明显区别。

在针织物中，线圈沿横向连接的行列称为线圈横列；线圈沿纵向串套的行列称为线圈纵行。

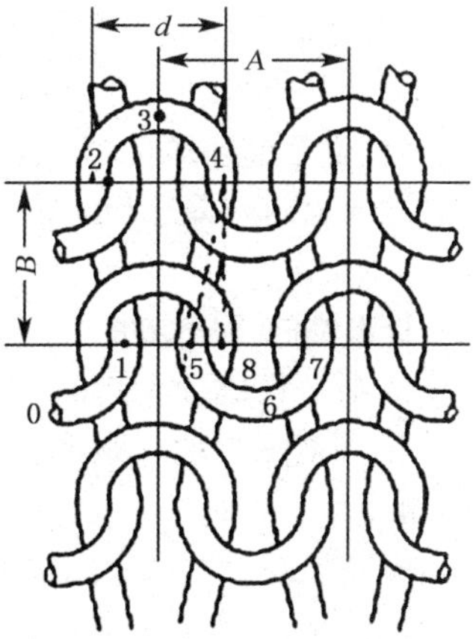

图 4-24　纬编针织物的线圈结构

2. 经编针织物的基本结构

经编针织物是采用一组或几组平行排列的纱线沿“经向”同时在经编机的织针上成圈串套而成。经编针织物纵向延伸性较小，纵向尺寸稳定性好，横向有弹性和延伸性，质地柔软，抗皱性好，脱散性小，透气性好。

（二）针织物的纱线细度

纱线细度影响针织物的外观、强度等多方面性能，是选择针织机机号和针号的重要依据。

（三）针织物的密度

在原料和纱线细度一定的条件下，针织物的密度可用针织物的纵向密度和横向密度来表示。

纵向密度：沿线圈纵行方向 5 cm 内的线圈横列数。

横向密度：沿线圈横列方向 5 cm 内的线圈纵行数。

针织物密度与线圈长度有关，线圈长度愈长，则针织物的密度愈稀，所以线圈长短是决定针织物密度的重要参数。密度大的针织物相对厚实，尺寸稳定性较好，保暖性也好些，同时，在弹性、强度、耐磨性、抗钩丝性等方面也较好。

（四）针织物的物理量度

1. 针织物的长度

针织物的匹长根据原料、品种和染整加工要素而定。经编针织物匹长常以定重为准，纬编针织物匹长多由匹重，再根据幅宽和每米重量而定。如汗布的匹重为 12 kg ±0.5 kg，绒布的匹重为 13 ~ 15 kg ±0.5 kg，人造毛皮针织布匹长一般为 30 ~ 40 m 左右等。

2. 针织物的幅宽

经编针织物幅宽随产品品种和组织而定，一般为 150 ~ 180 cm；而纬编针织物幅宽主要与加工用的针织机的筒径规格、纱线细度和织物组织等因素有关，筒径约为 40 ~ 60 cm。

3. 针织物的厚度

在一定压力下，织物正反面间的距离称为织物厚度，单位为毫米（mm）。织物厚度与织物的保暖性、通透性、成型性、悬垂性、耐磨性及手感、外观风格有着密切的关系，但一般不作为贸易考核的指标。

4. 织物的重量

织物的重量以每平方米克重(g/m²)或以每米克重(g/m)计量。织物的品种、用途、性能不同,对其重量的要求也不同。一般轻型织物轻薄光洁、手感柔软滑爽、透气性好,常用于夏季服装或内衣面料。厚重型织物厚实保暖、坚牢、刚性较大,适于冬装面料。

二、针织物的组织结构

线圈是构成针织物的基本单元。针织物的组织就是指线圈的排列、组合与联结的方式,它决定着针织物的外观和性能。针织物组织一般可分为基本组织、变化组织和花色组织三大类。

基本组织是由线圈以最简单的方式组合而成。如纬编针织物中的纬平针组织、罗纹组织和双反面组织;经编针织物中的经平组织、经缎组织和编链组织。

变化组织是在一个基本组织的相邻线圈纵行间配置另一个或另几个基本组织的线圈纵行而成。如纬编针织物中的双罗纹组织,经编针织物中的经绒组织和经斜组织。

花色组织是以基本组织或变化组织为基础,利用线圈结构的改变,或编入一些辅助纱线或其他纺织原料而成。如添纱、集圈、衬垫、毛圈、提花、波纹、衬经组织及由上述组织组合的复合组织。

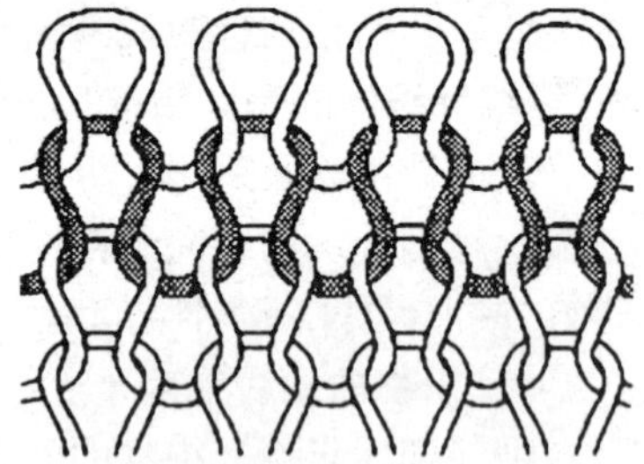

图 4-25　纬平针组织

(一) 针织物的基本组织

1. 纬平针组织

又称平针组织,它是由连续的单元线圈沿着一个方向相互串套而成(图 4-25)。正面呈现圈柱,有平坦均匀的纵向条纹;反面呈圈弧,有横向弧形线条,但光泽较暗。

纬平针组织纵向和横向延伸性均较好,尤其是横向,但有严重的脱散性和卷边性,有时还会产生线圈歪斜。这种组织广泛用于内衣、T 恤衫、运动衫、裤、袜子、手套、毛衫等。

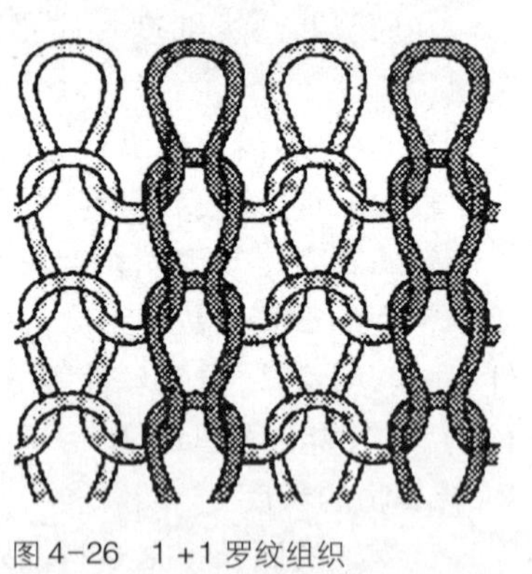

图 4-26　1 +1 罗纹组织

2. 罗纹组织

纵向线圈按一定规律呈正反结构间隔排列,因此具有双面结构的特征(图 4-26)。罗纹组织横向具有很好的弹性和延伸性,顺编织方向不易脱散,也不卷边,因此常用于袖口、领口、裤口和下摆等,还常用于弹力衫、T 恤衫、弹力背心、运动衫、裤等。

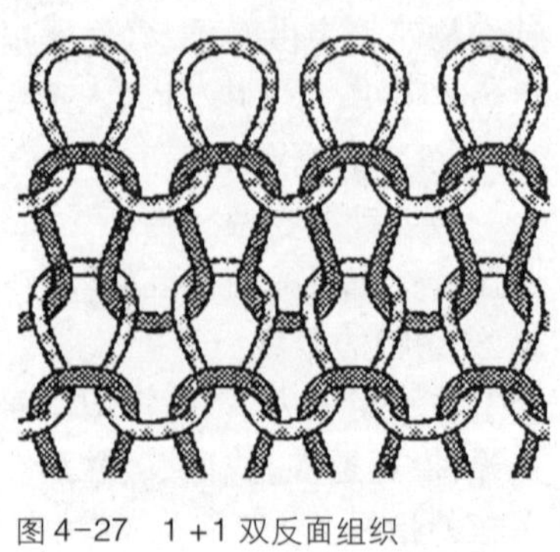

图 4-27　1 +1 双反面组织

3. 双反面组织

由正面与反面的线圈横列相互交替配置,从同一纵行看是一个正面线圈套着一个反面线圈(图 4-27)。当线圈处于松弛状态时,正反面都呈现反面横列条纹的外观,将正面线圈覆盖。正因如此,双反面组织的针织物显得比较厚实,具个纵、横向弹性和延伸性都较大且相接近的特点。双反面织物也容易沿顺编织方向和逆编织方向散脱,它一般不卷边。适用于婴儿服装、袜子、手套、羊毛衫等成形针织品。

4. 经平组织

经编针织物的基本组织。每根经纱在相邻两根织针上交替垫纱成圈而成(图4-28)。两个横列组成一个组织循环,线圈可以是闭口或开口,或互相交替。经平组织线圈呈倾斜状,所以纵横向有一定的延伸性。该组织正反面外观相似。当某线圈断裂并受横向作用力拉伸时,从断纱处可沿纵向逆编织方向脱散。

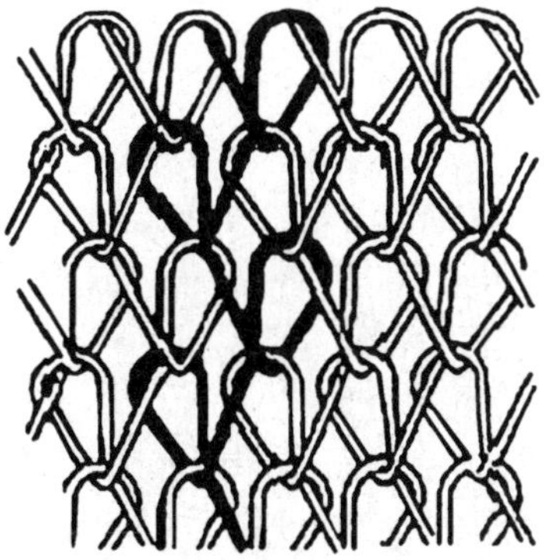

图4-28 经平组织

5. 经缎组织

每根经纱顺序地在三根或三根以上的织针上垫纱成圈,然后再顺序地返回原来的纵行。图4-29是最简单的三针经缎组织,由于一个组织循环的高度是四个横列,因此又称为四列经缎组织。

由于表面不同方向倾斜的线圈横列对光反射不一致,因此在织物表面形成横向条纹,当个别线圈断裂时,会逆编织方向脱散。

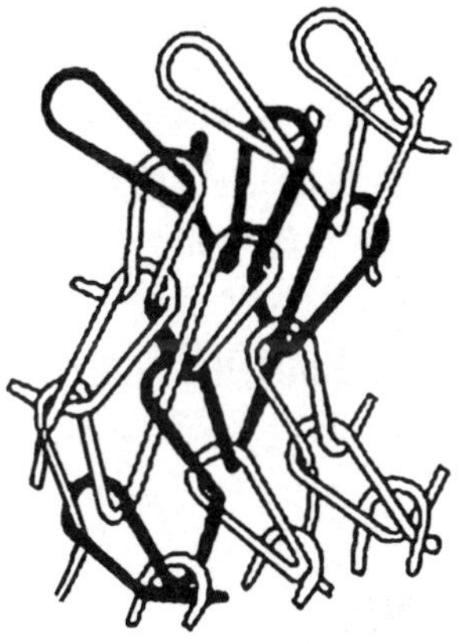

图4-29 经缎组织

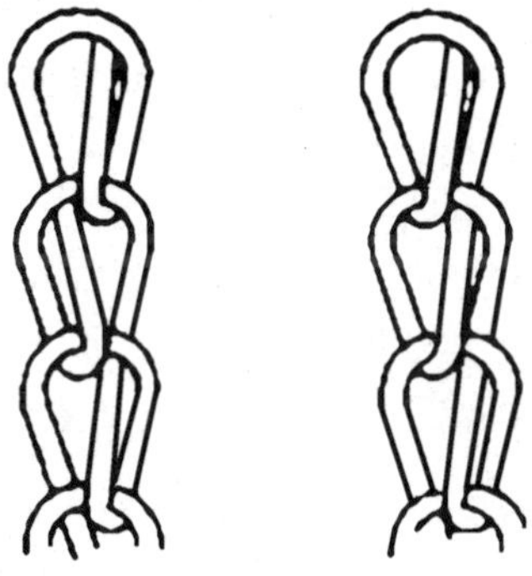

图4-30 编链组织

6. 编链组织

由每根经纱始终在同一织针上垫纱成圈而成。各纵行互不联系,故呈带状。分为闭口和开口编链两种形式(图4-30)。该组织其纵向延伸性小,一般和其他组织复合成针织物,限制纵向延伸,提高尺寸稳定性。

(二)针织物的变化组织

1. 双罗纹组织

由两个罗纹组织复合而成(图4-31)。由于一个罗纹组织的反面线圈纵行被另一个罗纹组织的正面线圈纵向遮盖,织物的正、反面都呈现正面线圈。

双罗纹组织针织品俗称棉毛布,具有厚实、柔软、保暖、不卷边、有弹性的特点,广泛应用于棉毛衫裤、运动衫裤等。由于结构稳定、挺括、悬垂、抗钩丝等优点,还适用于织制针织外衣面料。

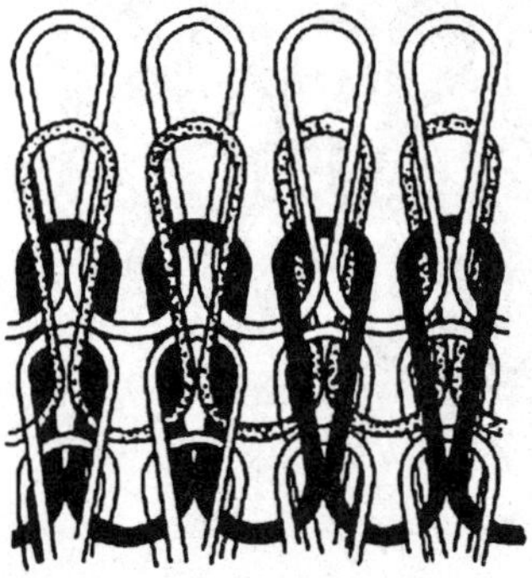

图 4-31　双罗纹组织

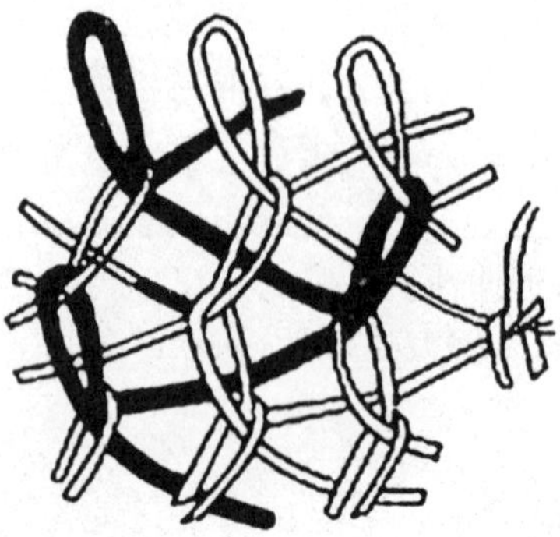

图 4-32　经绒组织

2. 经绒组织

是由每根经纱轮流地在相隔两枚的织针上垫纱成圈而成。图 4-32 为 3 针经平组织，也称经绒组织。经绒组织由于线圈纵行相互挤住，线圈形态较平整，横向延伸性较小，广泛用于内、外衣和衬衫面料等。

（三）花色组织

花色组织品种多，结构复杂，主要有以下几类：添纱组织、集圈组织（图 4-33）、衬垫组织、毛圈组织（图 4-34）、菠萝组织、纱罗组织、波纹组织、提花组织（图 4-35）、衬经衬纬组织以及以上组织合成的复合组织。这类组织的显著特点是具有花色效应和不同的服用性能。如毛圈组织中，成圈由两根或两根以上纱线完成，一根纱线形成地组织线圈，另一根或几根纱线形成毛圈形线圈。毛圈由拉长的沉降弧组成，分素色、花色毛圈和单面、双面毛圈。提花组织中，按花纹要求，纱线垫放在相应的织针上，形成线圈。在不成圈处，纱线以浮线或延展线状留在织物反面，不同色的纱线在织物表面形成提花花纹。常适用于外衣面料和羊毛衫。

图 4-33　集圈组织

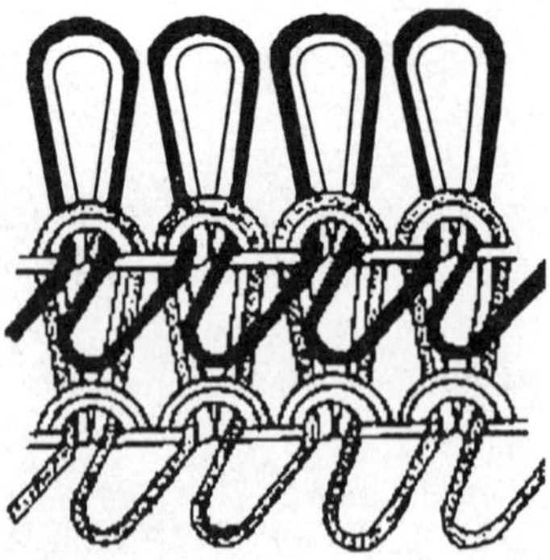

图 4-34　毛圈组织

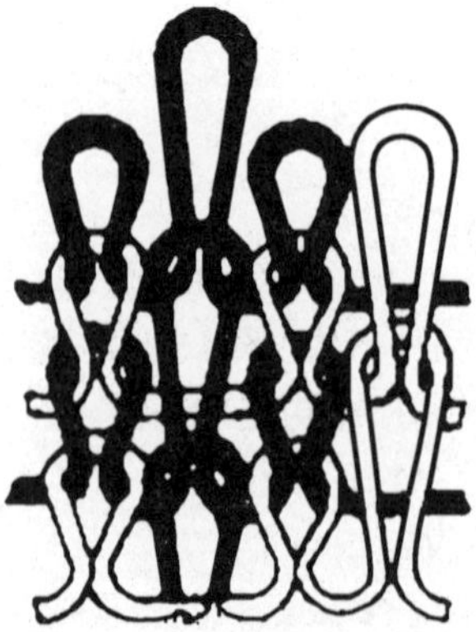

图 4-35　提花组织

第四节 非织造布的结构特征

一、非织造布的基本概念

非织造布不经过传统纺纱、机织或针织的工艺过程，因而又称为无纺布、不织布、无纺织布。

纤维成网是非织造布生产的重要工序，几乎所有的非织造布都必须先制成纤维网。纤维网中纤维的排列形式有平行排列、交叉排列和无定向排列三种。

非织造布的优势在于生产流程短，生产效率高，生产成本低，价格便宜。非织造布的主要缺点是强度低，延伸性低，弹性差，悬垂性差，手感和外观都不及机织物和针织物，因此，在服装上的用途有一定的局限。在服装上，非织造布主要用作保暖絮片、里料、粘合衬基布、人造皮革基布、垫料、"用即弃"衣裤料、工作服面料、手术衣面料、手术帽面料等。

二、非织造布的典型结构

（一）纤网结构非织造布

这类非织造布的生产工艺由四个环节组成：纤维准备、纤维成网、纤维网结合或粘合和后处理。

1. 粘合剂粘合法

将混合开松后的纤维梳理成网，然后加入粘合剂或热熔性物质，通过化学粘合或热粘合达到纤维与纤维的网间结合。这类非织造布一般具有柔软的手感，有较好的悬垂性，并且单向强度较好。主要用作衣衬、涂层织物底布、尿布、揩布、卫生巾等。

2. 热熔粘合法

这种工艺中，纤维网中一般混合了低熔点纤维，受热轧时，纤网受轧点的热熔纤维熔融被压扁且相互粘结，因此受粘合区域出现点状、线状及各种几何图案状（如格子、多边形等），这样的非织造布有较好的弹性和蓬松度。主要用于包装材料、卫生材料、过滤材料、土工布及"用即弃"服装等。

3. 射流喷网法

利用许多束高压水流喷射纤维网，使纤维纠缠达到"机械"结合，然后通过传统的粘合、烘燥和卷绕。这类产品具有较高强力，手感柔软、透通性好。主要用于服装衬里、垫肩、涂层织物基布、卫生用品等。

4. 针刺加固法

将梳理折叠法或气流成网法形成的纤维网引入装有特殊针的机器，通过针的上下穿刺，把纤维缠结起来，达到机械结合。这种方法适宜于加工高密度和较厚的产品。主要用于毛毯、过滤材料、服装衬、涂层织物基布等。

5. 湿法成网法

使天然或人造纤维悬浮于水中，达到均匀的分布，当纤维与水的悬浮体流到一张移动的滤网上时，形成均匀的纤维网，再通过压榨、粘结、烘燥，形成产品。这种生产方法类似于造纸，布面均匀致密、平整。主要用于手术衣帽、尿布、过滤材料等。

6. 纱线加固法

这种工艺方法是用缝编机将纤维网用纱线(长丝)形成经编线圈固结起来,使纤网保持稳定。常用于装饰用布。

(二)纱线型缝编结构非织造布

缝编法非织造布,进入缝编机的不是纤维网而是纱线,因此,布面在外观上接近传统的机织物或针织物,缝编的类型有纱线型缝编、纱线毛圈型缝编、毛纱底布毛圈型缝编等。常见的品种有缝编仿丝绒织物、缝编衬衫料、缝编毛巾布等。

本章小结

本章主要讲述了织物的分类及各类织物的定义、特点,机织物的结构、针织物的结构和非织造布的结构。

思考与练习

1. 解释名词:机织物、针织物、非织造布、混纺织物、交织物、棉型织物、麻型织物、毛型织物、丝型织物、中长织物、纬编针织物、经编针织物、组织循环、原组织、经纱密度、纬纱密度。
2. 平纹、斜纹、缎纹组织的特点是什么?各收集一种面料说出它的商品名称。
3. 针织物的基本组织有哪些?各有什么特点?
4. 机织物和针织物在性能上有什么区别?

第五章

常用机织面料

服装面料中大部分是机织物，此时的机织物被称为机织面料。由于纤维原料、纱线结构、织物组织和纱线排列紧密度以及织物后整理方面的不同，机织面料在外观和服用性能上都表现得多种多样。

第一节 棉 织 物

一、棉织物的服用性能特点

棉织物是以棉纤维为原料加工的织物。所有的棉织物因为其原料都是棉纤维，所以，在服用性能上有一些共同的特点。棉织物的服用性能主要有以下特点。

（1）棉织物强度较好。

（2）棉织物手感柔软，吸湿性好，具有优良的贴身穿着舒适性。

（3）棉织物不起静电。

（4）棉织物抗皱性差，洗可穿性差，普通棉织物的缩水率较大，经树脂整理可提高其抗皱性和服装保形性。

（5）棉织物耐碱不耐酸。

（6）棉织物耐熨烫温度较高。

（7）棉织物不容易虫蛀，但容易发霉。

二、棉织物的主要品种及其特点

（一）平布（plain cloth）

平布的结构特点是：组织采用平纹组织，经纬纱的纱支相同或接近，经纱密度和纬纱密度相等或接近。平布的风格特点是：外观平整，没有明显的纹路。根据所用纱线的粗细，又分为细平布、中平布和粗平布。（图 5-1）

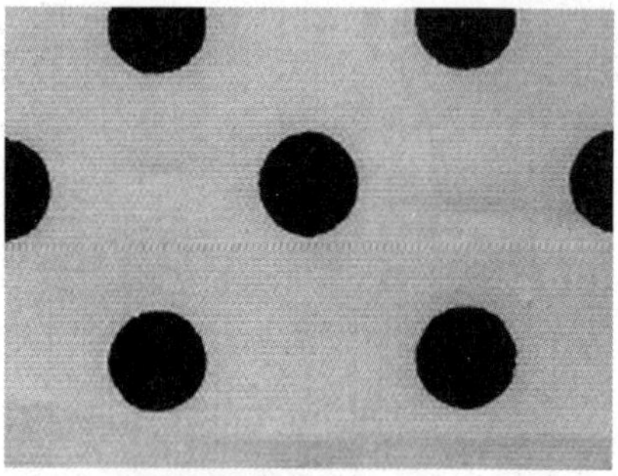

图 5-1 印花平布

细平布常用 11 ~ 20 tex（55 ~ 29 英支）的单纱织成，单位面积重量 80 ~ 120 g/m^2。一般都经过漂白、染色或印花。织物比较轻薄，布面平滑细洁，手感柔软，吸湿性好。适合做夏季衬衫、连衣裙等的面料。

中平布常用 21 ~ 31 tex（28 ~ 19 英支）的单纱织成，单位面积重量为 100 ~ 150 g/m^2。织物外观平整，质地比细平布稍厚。适合做衬衫、连衣裙等的面料。

粗平布常用 32 tex 及以上（18 英支及以下）的单纱织成，单位面积重量为150 ~ 200 g/m^2。织物外观平整，布身厚实、坚实耐穿。适合做夹克、裤子等的面料。

（二）府绸（poplin）

府绸的结构特点是：组织采用平纹组织或平纹地小提花组织，经、纬向紧度之比为 5∶3 左右，经向紧度约为 61% ~80%，纬向紧度约为 35% ~50%。府绸的风格特点是：织物外观平整，质地紧密，织物表面呈现由经纱构成的饱满的菱形颗粒纹。（图 5-2）

图 5-2 府绸

府绸品种繁多，按所用纱线的纺纱工艺分为普梳府绸(经纬纱都采用普梳纱)、半精梳府绸(经纱为精梳纱,纬纱为普梳纱)和精梳府绸(经纬纱都采用精梳纱);按纱线结构分纱府绸(经纬纱都采用单纱)、半线府绸(经纱为股线,纬纱为单纱)和全线府绸(经纬纱都采用股线)。

高级纯棉府绸采用长绒棉为原料纺制成5 tex x2(120/2 英支)~7.5 tex x2(80/2 英支)的股线制织,质地细密轻薄,菱形颗粒饱满,布面光洁匀整,手感柔滑挺爽,光泽明亮,富有丝绸感,吸湿透气,穿着舒适。多用作高级男礼服衬衫、女衬衫、连衣裙等的面料。

罗缎(bengaline)又称厚府绸。经纱采用10 tex x2(60/2 英支)~6 tex x2(100/2 英支)的纱线,纬纱采用42 tex x2(14/2 英支)~10 tex x2(60/2 英支)的纱线,经纱密度一般为283~393根/10 cm,纬纱密度约为129~251 根/10 cm,布面颗粒明显,有明显的横棱纹,质地紧密厚实,手感硬挺滑爽,有丝绸般光泽。适合做男女外衣、制服、夏季裤料、风衣和夹克等的面料。

(三) 细纺(cambric)

细纺的结构特点是:组织采用平纹组织,经纬纱一般为6 tex(100 英支)~10 tex(60 英支)的精梳棉纱,经纬向紧度在30%~45%之间。细纺的风格特点是:质地轻薄,表面光洁,手感柔软,吸湿性好,透气性好。适宜作夏季衬衫面料和连衣裙面料。

(四) 巴里纱(voile)

巴里纱的结构特点是:组织采用平纹组织,经纬纱采用7.5 tex x2(80/2 英支)~6 tex x2(100/2 英支)的精梳强捻股线,纱线经过蒸纱、烧毛和丝光处理,经纬密度小,一般为196~236根/10 cm。巴里纱的风格特点是:质地轻薄透明,手感滑爽,布孔清晰,透气性好,折叠时能充分显示出光的干涉条纹效果。适宜作夏季衣裙面料、穆斯林的头巾、面纱等。

(五) 麦尔纱(mull)

麦尔纱的结构特点是:组织采用平纹组织,采用10 tex(60 英支)~14.5 tex(40 英支)普梳单纱作经纬纱,经纬密度小,经向紧度在28%~40%之间,纬向紧度在24%~36%之间。麦尔纱的风格特点是:质地轻薄,比较透明,手感柔软,吸湿性好,透气性好。适宜作夏季衣裙面料、穆斯林的头巾、面纱等。

(六) 斜纹布(drills)

斜纹布的结构特点是:组织采用二上一下左斜纹组织,采用单纱作经纬纱,经密略大于纬密,非紧密结构。斜纹布的风格特点是:织物表面有明显的向左上方倾斜的斜纹线。根据经纬纱的细度,斜纹布分为细斜纹布和粗斜纹布。(图5-3)

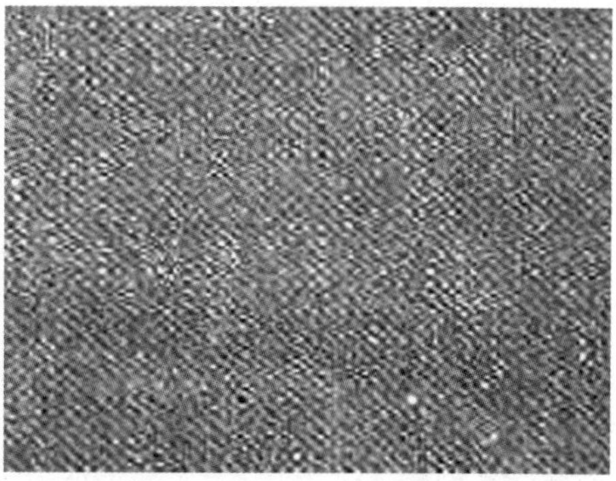

图5-3 粗斜纹布

细斜纹布(jean)经纬纱采用30 tex 及以下(19 英支及以上)的单纱。经纱密度一般为315~380根/10 cm,纬纱密度约为190~260 根/10 cm,经向紧度为60%~80%之间,纬向紧度为40%~55%,织物单位面积重量为150~180 g/m^2。织物表面具有明显的向左上方倾斜的斜纹线,斜纹线细密,质地较薄,手感柔软。有本色、漂白、杂色和印花各品种,可用作儿童服装和女罩衫等的面料。

粗斜纹布(coarse drill)经纬纱采用32 tex 及以

上(18英支及以下)的单纱。织物表面具有明显的向左上方倾斜的斜纹线,斜纹线粗壮,手感厚实,质地坚牢。多用作工作服面料。

(七) 棉哔叽(cotton serge)

棉哔叽的结构特点是:组织采用2/2斜纹组织,经密略大于纬密。棉哔叽的风格特点是:布面呈现45°的斜纹线,斜纹线间的距离较宽,正反面外观基本相同,质地松软。有漂白、杂色和印花多种。适用于男女外衣、裤、童装等的面料。

棉哔叽有纱哔叽和线哔叽两种。线哔叽比纱哔叽光洁,强度更好。

(八) 卡其(khaki drill)

卡其的结构特点是:组织采用2/2、2/1和3/1斜纹组织等,经密约为纬密的2倍,经向非常紧密。卡其的风格特点是:质地紧密,斜纹线清晰、突出,手感厚实,挺括耐穿。适于做各种制服、工作服、风衣、夹克、西裤等。(图5-4,图5-5)

图5-4　纱卡其

图5-5　卡其夹克衫

卡其品种规格较多,按织物组织分为单面卡其、双面卡其、人字卡其和缎纹卡其等;按纱线种类不同分为普梳卡其、半精梳卡其和全精梳卡其;按纱线结构可分为纱卡其、半线卡其和全线卡其。

单面卡其(one-sided khaki drill)用3/1斜纹组织织成。经向紧度为80%~110%,纬向紧度为45%~60%,经纬向紧度比约为1.71∶1。经向紧度超过100%时,织物不耐折边磨,所做服装的领口、袖口、袋口、裤脚等折边处易磨损。织物正面斜纹线粗壮突出,反面斜纹线不明显,质地紧密厚实,手感挺括。用以制作男女衣裤、工作服等。

双面卡其(reversible khaki drill)用2/2斜纹组织织成。经纬纱用股线或经纱用股线、纬纱用单纱。织物正反面均纹路清晰,织纹细密,布面光洁,质地厚实,手感挺括。用以制作男女衣裤、工作服等。

(九) 横贡缎(sateen)

用5枚纬面缎纹组织织成的纬向紧密的缎纹织物。经纬纱多用纯棉精梳纱,细度一般为

14.5 tex(40 英支),织物一般都经过电光等光泽整理。横贡缎的主要风格特征:布面光洁,富有光泽,手感柔软,有丝织物中"缎"的外观特点。成品主要为印花的,也有素色的。适宜做妇女衣裙、儿童棉衣等面料。

(十) 牛津布(oxford)

又称牛津纺。采用较细的棉纱线(纱支 13 ~ 29 tex)作经纬纱,一般经纱用色纱,纬纱用白色纱线,采用纬重平组织制织。牛津布的主要风格特征:织物外观呈混色效应,色泽柔和,手感柔软,吸湿性好,透气性好,穿着舒适,有休闲风格。多用作衬衫面料。(图 5-6, 图 5-7)

图 5-6 牛津布

图 5-7 牛津布短袖衫

(十一) 色织条格布(yarn-dyed stripe and check fabric)

用经过染色的棉纱线制织的布面呈条子或格子图案的织物。轻薄型的色织条格布主要用作夏季的衬衫和连衣裙面料,中厚型的色织条格布主要用作春秋季的衬衫、两用衫面料。(图 5-8)

图 5-8 色织条格布

(十二) 牛仔布(denim)

又称劳动布。色经白纬的粗厚和较粗厚的斜纹棉织物,经纱的颜色多是靛蓝色,组织一般采用3/1 右斜纹。按重量可分为轻型、中型和重型三类:轻型牛仔布单位面积重量为 200 ~ 340 g/m^2(6 ~ 10 盎司/平方码),中型牛仔布单位面积重量为 340 ~ 450 g/m^2(10 ~ 13 盎司/平方码),重型牛仔布单位面积重量为 450 g/m^2(13 盎司/平方码)以上。花色品种很多,有竹节牛仔布、弹力牛仔布、套染牛仔布等。织物质地紧密,坚牢耐穿,厚实硬挺,经石磨、砂洗或

生物酶洗等处理，可得到特有的风格，而且手感变得柔软舒适。（图5-9，图5-10）

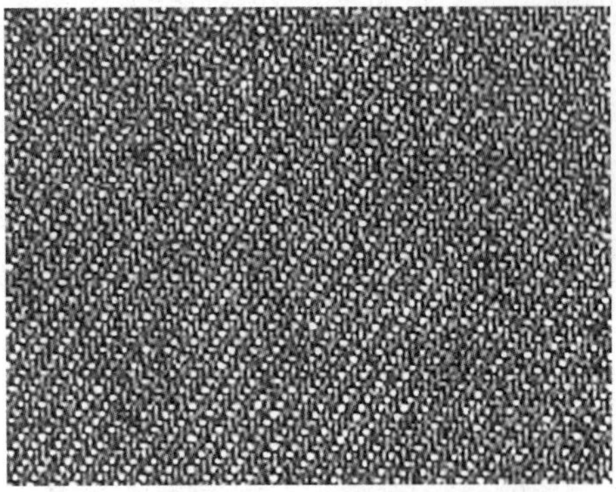

图5-9　牛仔布坯布

图5-10　经过整理的牛仔裤

（十三）麻纱（dimity）

采用中等细度的棉纱线（18～36 tex）作经纬纱，经纱捻度较高，采用变化纬重平组织（经纱以两根纱线和一根纱线相互间隔排列）制织，布面呈明显的粗细相间的经向直条纹路，类似麻织物粗细不匀的外观，布面有细小的孔隙，质地轻薄挺滑，穿着不贴身，凉爽、透气。

有漂白、染色、印花、提花等品种。适合做男女夏季衬衫、儿童衣裤、裙子等。

（十四）平绒（velvet and velveteen）

采用复杂组织织成绒坯后，割断绒经或绒纬而形成的表面具有短密、均匀耸立的绒毛的棉织物。绒毛丰满平整，质地厚实，光泽柔和，手感柔软，耐磨耐穿，不易起皱。（图5-11）

图5-11　平绒

（十五）灯芯绒（corduroy）

又称条绒。由一个系统的经纱和两个系统的纬纱（地纬和绒纬）交织成绒坯，然后割断绒纬并且进行刷毛而成。根据每英寸内的绒条数，又分为粗条灯芯绒、中条灯芯绒、细条灯芯绒和特细条灯芯绒。灯芯绒的主要风格特征：织物表面具有成灯芯条状分布的绒毛，手感柔软、厚实，绒条清晰、丰满，坚牢耐磨，吸湿性好，有休闲风格。（图5-12，图5-13）

粗条灯芯绒（wide-wale corduroy）每英寸有8条以下绒条。绒条粗而圆润，手感厚实，结构紧密，坚牢耐磨，风格粗犷而休闲。可做茄克、休闲西服上装、裤子等的面料。

图 5-12 粗条灯芯绒

图 5-13 细条灯芯绒制作的猎装夹克

中条灯芯绒(mid-wale corduroy)每英寸有 8～13 条绒条。绒条圆润,手感较厚实,结构紧密,耐磨性好,可做茄克、休闲西服上装、裤子等的面料。

细条灯芯绒(pinwale corduroy)每英寸有 14～18 条绒条。绒条比较细,手感比较柔软,用作春秋季的衬衫、裙子、长裤等的面料。

特细条灯芯绒(ultra-fine corduroy)每英寸有 18 条以上绒条。绒条特细、手感柔软,一般经过印花或染色,可做春秋季男女衬衫、女裙等的面料,尤其适合做春秋季儿童衬衫面料。

(十六) 凸条布(corded fabric)

采用凸条组织制织的表面具有凸起的纵向或横向条纹的织物。凸条布的主要风格特征:织物紧密厚实,坚牢耐穿,表面有凸条纹路,具有休闲风格。宜用作春秋季夹克、长裤、连衣裙、裙子等的面料。

(十七) 绒布(flannelette, cotton flannel)

经过拉绒或磨绒整理,织物表面具有蓬松的纤维绒毛的棉织物。分单面绒布和双面绒布两种。绒布的主要风格特征:布面有绒毛,手感柔软而丰厚,色泽柔和,有温暖感,吸湿透气,穿着舒适。可用作冬季内衣、睡衣等的面料,印花绒布、条格绒布等宜作婴幼儿的服装面料。(图 5-14)

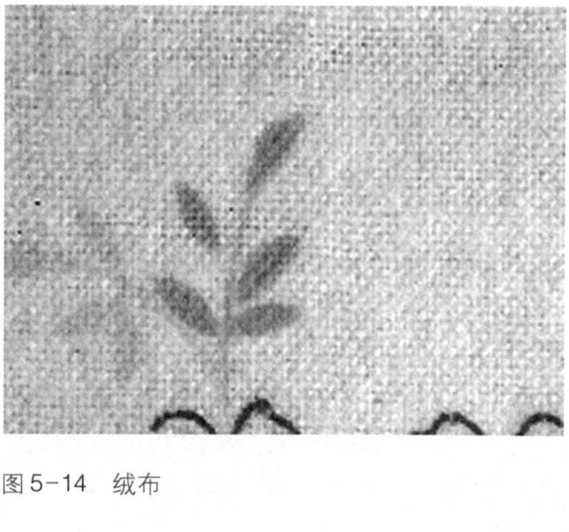

图 5-14 绒布

单面绒布(irreversible flannelette, raised backs)只对一面进行了拉绒或磨绒整理,仅一面具有蓬松的纤维绒毛。

双面绒布(reversible flannelette, duplex sheeting)对织物正反两面都进行了拉绒或磨绒整理,织物两面都具有蓬松的纤维绒毛。

(十八) 泡泡纱(seersucker)

表面呈条状或其他形式分布的凹凸状泡泡的棉织物。除具有普通棉织物的服用性能外,还具有与皮肤接触面积小,手感爽利、不粘体的特点。多用作妇女和儿童的夏季衬衫和连衣裙面料。(图5-15)

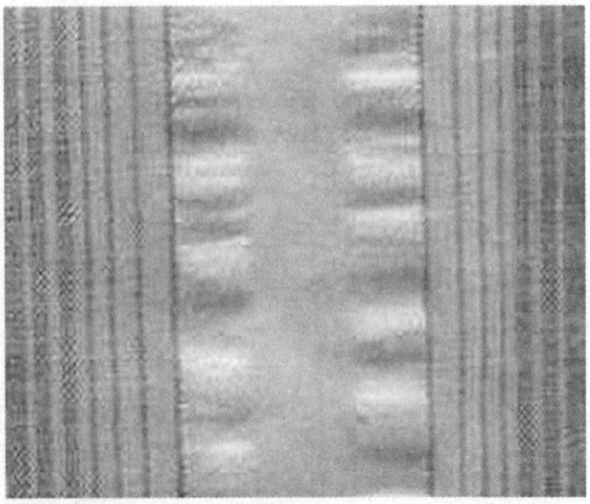

图5-15 泡泡纱

第二节 麻 织 物

一、麻织物的服用性能特点

麻织物是以亚麻纤维或苎麻纤维为原料加工成的织物。麻织物因为其原料都是亚麻纤维或苎麻纤维,所以,在服用性能上有一些共同的特点。麻织物的服用性能主要有以下特点。

(1) 麻织物强度较高,并且湿态强度比干态强度高20% ~30%。

(2) 麻织物吸湿性好,放湿快,导热性好,夏季穿着吸汗、干爽舒适。

(3) 麻织物表面具有纱线粗细不匀、条影明显的特征,外观风格粗犷、休闲。

(4) 麻织物有较好的耐碱性,但不耐酸。

(5) 本白和漂白麻织物光泽自然柔和,染色麻织物有独特的色调。

(6) 麻织物的熨烫温度可以较高。

(7) 麻织物抗皱性差,而且不耐折边磨。

二、麻织物的常见品种及其特点

(一) 夏布(homespun ramie fabric)

中国传统的纺织品之一。用手工绩麻成纱,再用木织机以手工方式织成。其中湖南浏阳夏布、江西万载夏布和四川隆昌夏布,以其紧密、细薄、滑爽、洁白等性能驰名中外。除以地名命名外,四川省也以总经纱数作为夏布的名称,如600夏布、725夏布等;广东省以织物幅宽命名,如18寸、24寸抽绣夏布等。织物经精炼、漂白后,有颜色洁白,光泽柔和,挺括凉爽的特点。适宜用作夏季服装面料。(图5-16)

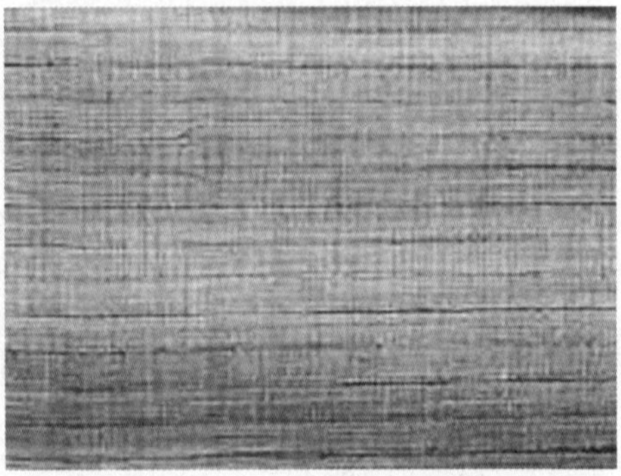

图5-16 夏布

（二）鱼冻布（silk/ramie mixed fabric）

又称鱼冻绸。以苎麻纱线为经纱，蚕丝为纬纱交织而成的织物。织物坚韧柔软，富有光泽，色白若鱼冻，越洗涤则越洁白。宜用作春末秋初和夏令的男、女服装面料。

（三）爽丽纱（pure ramie sheer）

用16.7～10 tex（60～100公支）苎麻单纱制织的稀薄型高档纯苎麻织物。强度高，毛羽少，织物稀薄，布面平整光洁，白点少，纱线条干均匀，手感滑爽、挺括，吸湿散湿快，透气性好，是理想的夏季面料，一般用于制作高档衬衣、裙衫、装饰用手帕、工艺抽绣品等。

（四）亚麻细布（fine linen plain）

采用细特、中特亚麻纱制织的非紧密结构的平纹织物。坯布经、纬向紧度均为50%左右。外观具有粗细不匀的特殊风格，光泽柔和，吸湿好散湿快，但抗皱性差。可用作夏季服装面料、抽绣工艺用布等。

（五）苎麻细布（fine ramie plain）

采用细特、中特苎麻纱制织的非紧密结构的平纹织物。坯布经、纬向紧度均为50%左右。外观具有粗细不匀的特殊风格，光泽柔和，吸湿性好，散湿快，但抗皱性差。可用作夏季服装面料、抽绣工艺用布等。

（六）纯麻劳动布（linen denim）

采用纯麻纱线制织的斜纹织物。根据厚度和平方米重量的不同可分为轻薄型、中厚型和厚重型三类。20 tex的纯麻劳动布适于做夏季衬衫和裙子。30.3 tex、62.5 tex的纯麻劳动布，厚实挺括、风格特殊，适于做牛仔服和春、秋季套装。55.6 tex、62.5 tex、71.4 tex、83.3 tex及100 tex等风格粗犷的纯亚麻布适于做西服、裙料、裤料等。

（七）涤麻派力司（polyester/ramie blended palace）

按毛织物派力司风格设计的涤麻混纺色织物或涤麻毛三合一的混纺色织物。布面具有不规则的铁灰、浅灰或浅黄棕等色的夹花条纹。吸湿性好，放湿快，透气性好，挺爽凉快，易洗快干、免烫。宜用作春末秋初和夏令的男、女服装面料。

（八）涤麻混纺织物（polyester/ramie blended fabric）

又称“麻的确良”。采用毛型涤纶短纤维与苎麻纤维的混纺纱制织的织物。既保持了苎麻织物吸湿性好、散湿快、挺爽凉快、穿着舒适、易洗快干等优点，又克服了纯苎麻织物抗皱性差和不耐磨的缺点以及涤纶的吸湿差、闷热等缺点。用于制作夏令衬衫、上衣、春秋外衣等服装。

（九）麻棉混纺织物（ramie/cotton blended fabric）

采用苎麻或亚麻与棉纤维的混纺纱制成，多为经、纬纱55.6 tex（18公支）的平纹织物，混纺比例一般为55麻/45棉。麻棉混纺织物具有麻织物粗犷的外观，但手感比纯麻织物柔软。用于制作夏令衬衫、上衣、春秋外衣等服装。

（十）麻棉交织物（ramie/cotton union fabric）

采用苎麻或亚麻纱线与棉纱线交织而成。麻棉交织物布面平整，手感比纯麻织物柔软，比纯棉织物滑爽，透气性好，有身骨，凉爽舒适。用于制作夏令衬衫、上衣、春秋外衣等服装。

（十一）麻粘混纺织物（ramie/viscose blended fabric）

采用苎麻或亚麻与粘胶纤维混纺纱制成的织物。织物的外观与麻织物相似，但手感柔软，刺痒感少，有一定的悬垂性和挺爽特性。用作春夏季服装面料，较适合女装的裙衫料。

(十二) 麻粘交织物(ramie/viscose union fabric)

采用苎麻纱线或亚麻纱线与粘胶纤维纱线交织而成,外观与纯麻织物相似,手感较为滑爽、柔软,透气性好,刺痒感少,凉爽舒适,悬垂性比纯麻织物好。用于制作夏令衬衫、上衣、春秋外衣等服装。

第三节　毛　织　物

一、毛织物的服用性能特点

毛织物是以羊毛纤维为原料加工成的织物。所有的毛织物因为其原料都是羊毛纤维,所以,在服用性能上有一些共同的特点。毛织物的服用性能主要有以下特点。

(1) 毛织物光泽柔和,手感柔软而富有弹性,是高档或中高档服装面料。

(2) 毛织物具有良好的弹性和干态抗皱性,服装经熨烫具有良好的褶裥成型和服装保形性。

(3) 毛织物的湿态抗皱性和洗可穿性差。

(4) 粗纺毛织物厚实丰满,保暖性好;轻薄型精纺毛织物具有较好的吸汗、透气性。

(5) 毛织物比较耐酸而不耐碱。

(6) 毛织物容易虫蛀。

二、精纺毛织物的主要品种及其特点

(一) 凡立丁(valitin)

轻薄缜密的素色平纹精纺毛织物。根据所用纤维原料,又分为纯毛凡立丁、毛涤凡立丁、纯化纤凡立丁等。纯毛凡立丁的主要风格特征:织物比较轻薄,呢面条干均匀,织纹清晰,光洁平整,手感柔软、滑爽、活络有弹性。凡立丁以中浅色为主,如中灰、浅米等,也有少量黑色、藏青、漂白以及其他杂色,适宜用作夏季男女上衣、西裤、裙子等服装的面料。(图 5-17)

图 5-17　凡立丁

(二) 派力司(palpace)

轻薄缜密的混色平纹精纺毛织物。纯毛派力司的主要风格特征:织物手感滑、挺、薄、活络、弹性好,呢面平整,光泽自然,以中灰、浅灰、浅米等为主要色泽。毛涤派力司外观和手感都非常接近纯毛派力司,手感稍硬,洗可穿性好。派力司适宜制作夏令男女西裤、套装等。(图 5-18)

图 5-18　派力司

（三）鲍别林（poplin）

经向紧密的薄型平纹精纺毛织物。鲍别林的主要风格特征：呢面平整光洁，有饱满的菱形颗粒，颜色滋润，光泽柔和，手感紧密，滑挺结实，富有弹性。适宜制作外衣、风衣、妇女罩衫、裙子等。

（四）华达呢（gabardine）

又称轧别丁。华达呢的结构特点：采用斜纹组织，经纬纱的纱支相同或接近，一般为 18～17 tex×2（56/2～58/2 公支），经纱密度为纬纱密度的 2 倍左右，经向紧密。根据织物组织和正反面外观的不同，又可分为单面华达呢、双面华达呢和缎背华达呢。纯毛华达呢的主要风格特征：织物表面平整光洁，织物正面斜纹纹路清晰挺直，斜纹线突出，斜纹角度约 60°，手感滑糯、挺括，富有弹性。华达呢面料的服装，穿着后长期受摩擦的部位因纹路被压平，纤维受磨损，易形成极光。适合作男女套装、风衣等的面料。（图 5-19）

图 5-19　华达呢

单面华达呢（single face gabardine）组织采用 2/1、3/1 右斜纹组织，原料一般为 66 支以上的细羊毛，经纬纱细度一般为 18～17 tex×2（56/2～58/2 公支），经密比纬密高 1 倍左右。织物正面呈 60°左右的清晰挺直的斜纹线，织物反面斜纹线不明显。呢面光洁，质地紧密，织纹清晰，滑糯活络，富有弹性，光泽自然。适合作男女各类外衣和女装连衣裙的面料。

双面华达呢（reversible gabardine）组织采用 2/2 右斜纹组织，原料一般为 66 支以上的细羊毛，经纬纱细度一般为 18～17 tex×2（56/2～58/2 公支），经密比纬密高 1 倍左右。织物正反面都呈现 60°左右的清晰挺直的斜纹线。呢面光洁，质地紧密，织纹清晰，滑糯活络，富有弹性，光泽自然。适合作男女各类外衣和女装连衣裙的面料。

缎背华达呢（satin back gabardine）用缎纹变化组织，织物正面呈华达呢外观、背面呈缎纹外观。呢面光洁平整，织纹清晰细洁，结构紧密、厚实，富有弹性，光泽自然，颜色有藏青、黑灰等深色。适合做上装、风衣、秋季大衣等的面料。

（五）哔叽（serge）

采用 2/2 右斜纹组织，经纬纱的纱支相同或接近，经纬纱密度之比约为 1.1～1.25 的非紧密结构的中厚型斜纹精纺毛织物。纯毛哔叽的主要风格特征：织物表面呈现 45°左右的右斜纹，且纹路扁平、较宽，呢面细洁，手感柔软，有身骨弹性，质地坚牢。呢面有光面和毛面两种，光面哔叽纹路清晰，光洁平整；毛面哔叽呢面纹路仍然明显可见，但有短小绒毛，市场上以光面哔叽为多见。哔叽色泽以灰色、黑色、藏青色、米色等为主。主要用于春秋季男装、夹克、女套装、裤子、裙子等的面料。（图 5-20）

图 5-20　哔叽

(六) 哈味呢(worsted flannel)

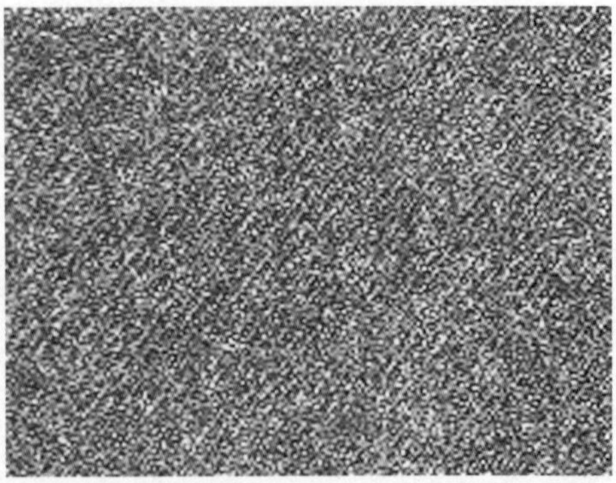
图5-21 哈味呢

采用2/2右斜纹组织,经纬纱的纱支相同或接近,经纬纱密度之比约为1.1~1.5的非紧密结构的中厚型混色斜纹精纺毛织物。哈味呢的主要风格特征:呢面有短而均匀的绒毛,隐约可见45°左右的右斜纹,且纹路扁平、较宽,呢面平整,混色均匀,光泽柔和,手感柔软、丰满,有身骨,富有弹性。色泽以深、中、浅的混色灰为主,具有明显的休闲风格。适宜用作男女裤子、女套装等的面料。(图5-21)

(七) 巧克丁(tricotine)

呢面呈现类似针织物罗纹条外观的中厚型或厚型精纺毛织物。巧克丁的主要风格特征:呢面光洁平整,手感紧密挺括,有身骨,富有弹性,条纹清晰而凸立,斜纹角度多为63°~76°,每两根斜纹线组成一组,同一组内的两条斜纹线间距离小,条与条之间沟纹浅,组与组之间的距离宽,沟纹明显,恰如两根一组的罗纹,光泽柔和自然,有膘光。颜色多为灰、蓝、米、咖等,也有混色、夹色等。适宜制作便装、制服、风衣、女装、西裤、大衣等。(图5-22)

图5-22 巧克丁

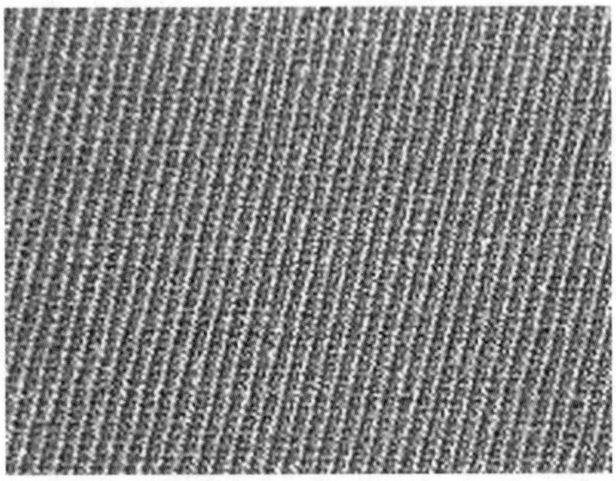
图5-23 马裤呢

(八) 马裤呢(whipcord)

采用急斜纹组织,呢面有粗壮陡直的斜纹线的厚型精纺毛织物。马裤呢的主要风格特征:呢面光洁,斜纹线粗壮突出,斜纹角度63°~76°,结构紧密,立体感强,手感厚实而富有弹性,风格粗犷、休闲。适宜制作猎装、马裤、卡曲衫、军服等。(图5-23)

(九) 礼服呢(tuxedo worsted)

正规礼服所用呢料。通常包括直贡呢(图5-24)和驼丝锦(图5-25)两个品种。礼服呢的主要风格特征:呢面细洁、光泽优雅。适合用作小夜礼服、夜礼服、燕尾服等正式社交场合穿着的礼服的面料。

图 5-24　直贡呢

图 5-25　驼丝锦

驼丝锦(doeskin)织纹细致如麂皮,呢面光滑平整,织物反面有小花纹,光泽明亮滋润,手感柔滑,富有弹性。常用作礼服、西装、套装、夹克、大衣等的面料。

(十) 女衣呢(lady's dress worsted)

用精纺毛纱织制的色彩鲜艳或有小花型的精纺毛织物。主要风格特征:重量较轻,结构较松,手感柔软,色彩艳丽,具有装饰美感。适宜做女装衫裙以及上衣、外套等。(图 5-26)

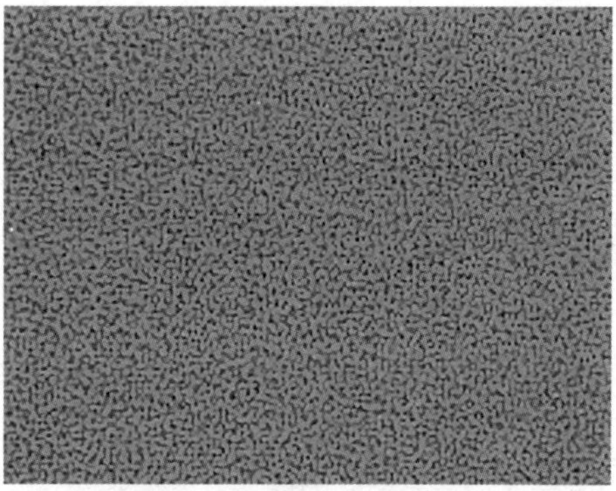

图 5-26　女衣呢

(十一) 精纺花呢(fancy suiting)

利用各种精梳彩色纱线或各种花式纱线做经纬纱,运用平纹、斜纹、变化斜纹或其他各种变化组织,织成的条、格以及各种花型的精纺毛织物。精纺花呢按整理工艺分为光洁整理、轻缩绒整理和绒面整理三类。光洁整理:织纹清晰、手感挺括。轻缩绒整理:呢面有短而匀的绒毛,织纹略有隐蔽,手感柔糯丰满。绒面整理:呢面有密而匀的绒毛,织纹不清楚,手感丰厚。精纺花呢按重量可分为:薄花呢、中厚花呢和厚花呢。适宜制作套装、上衣、西裤及便装等。

薄花呢(light weight fancy suiting)平方米重量在 190 g/m^2 以下的精纺花呢。有两种风格:一是手感滑、挺、薄、爽,有弹性;二是手感滑、软、丰、糯,有弹性。适宜制作夏季西服、女套装等。

中厚花呢(medium weight fancy suiting)平方米重量为 190 g/m^2 ~ 289 g/m^2 的精纺花呢。有两种风格:一是织纹清晰,呢面光洁,紧密挺括;二是织纹略有隐蔽,呢面有轻而匀的绒毛,手感柔糯丰满,呢面平整,光泽柔和,弹性良好。适宜制作秋冬季套装、中山装、上衣等。

厚花呢(thick fancy suiting)平方米重量在 289 g/m^2 以上的精纺花呢。有纯毛与毛混纺等各类产品。手感丰满、活络、有弹性,丰厚、结实。主要用于大衣、制服、军猎装等。

条花呢(stripe fancy suiting)利用色纱装饰所构成的有较明显条子花型的精纺花呢。手感风格与中厚花呢相同。适宜制作秋冬季西装和西裤。

格子花呢(check fancy suiting)利用色纱装饰所构成的有较明显格子花型的精纺花呢。格子花呢适宜作男女套装、便装和女装裙料。

鸟眼花呢(bird's eye fancy suiting)由色纱和织物组织结合形成的类似鸟眼的小点子花型的中厚花呢。手感丰厚,挺而糯,外观细洁,弹性良好,花样典雅。适宜制作男西装、女套装等。

板司呢(basket)一种传统的有特色花型外观的中厚花呢(图5-27)。组织结构为2/2方平组织,呢面呈小方格织纹。呢面平整,手感丰厚,软糯而有弹性,花样细巧。适宜制作西装套装、西裤等。

图5-27　板司呢

海力蒙(herringbone)外观呈人字破斜纹花型的中厚花呢(图5-28)。多用2/2斜纹作基础组织,相邻的两条斜纹条子宽度相同,斜纹方向相反,在斜纹方向发生改变的相邻两根经纱上,组织点相反,形成纤细的沟纹。呢面有光洁的,也有轻绒面的。织物结构紧密,手感丰满,光泽柔和,弹性良好,有休闲风格。适用于各类西装、西裤。

单面花呢(double plain)俗称"牙签条"(图5-29)。利用双层平纹组织织成的外观呈牙签状条纹的厚花呢。常用各种彩色嵌线起装饰作用,或利用纱线捻向产生隐条。织物结构紧密,手感丰满厚实,富有弹性,光泽柔和自然,呢面细洁匀净,织纹清晰,花型稳重,典雅大方。适宜制作西装、套装、中山装、上衣等。

图5-28　海力蒙

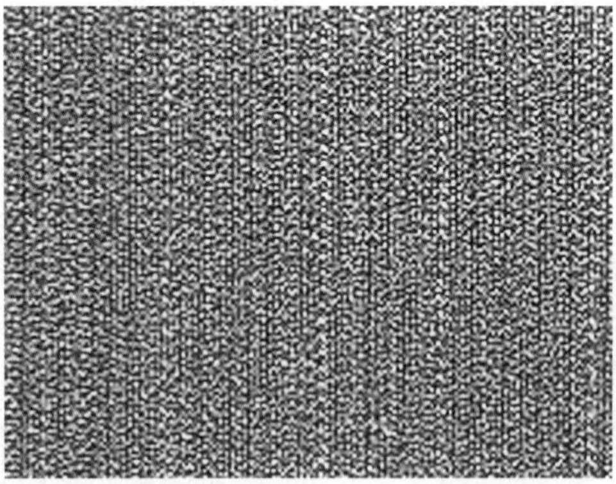
图5-29　单面花呢

三、粗纺毛织物的主要品种及其特点

(一)麦尔登(melton)

采用一级改良毛或60支羊毛为主要原料,混以少量64支精梳短毛或25%～30%的粘胶纤维,经纬纱采用83.3～62.5 tex(12～16公支)的粗梳毛纱,组织用2/2或1/2等组织,经缩绒整理,是呢面风格的素色粗纺毛织物。重量360～480 g/m^2,织物表面有细密毛茸覆盖,手感丰厚滋润，呢面细洁平整，身骨挺实，富有弹性，不露织纹，耐磨不起球。是制作秋冬季西上装、中山装和大衣等的高档面料。（图 5-30）

图 5-30 麦尔登

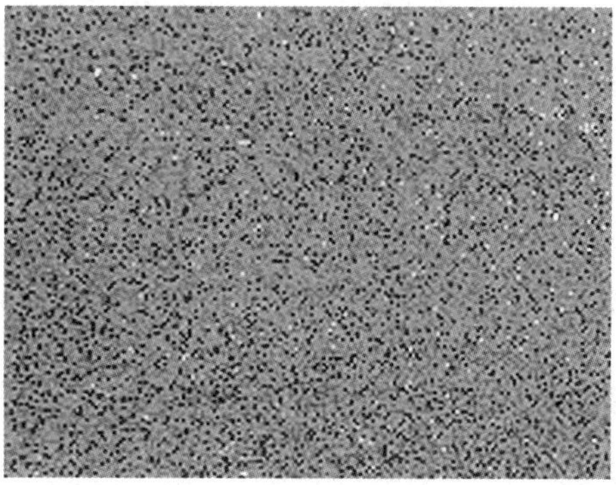

图 5-31 海军呢

（二）海军呢（navy cloth）（图 5-31）

又称细制服呢。原料用一、二级改良毛或混入 30% 左右的粘胶纤维，经纬纱采用 100～83.3 tex（10～12 公支）粗梳毛纱，组织用 2/2 斜纹组织，经缩绒整理，是呢面风格的素色粗纺毛织物。重量为 360～490 g/m^2，品质比麦尔登稍差，而比制服呢好，织物表面有细密毛茸覆盖，手感丰满平整，不露织纹，耐磨不起球，质地厚实有弹性。主要用作海军服、男女大衣等服装的中、高档面料。（图 5-31）

（三）大衣呢（overcoating）

厚重粗纺毛织物，质地厚实，保暖性好，品种较多。根据外观风格可分为平厚、立绒、顺毛、拷花、花式五种。

1. 平厚大衣呢（plain overcoating）

用 250～83.3 tex（4～12 公支）粗纺毛纱做经纬纱，采用 1/3 破斜纹、4/4、2/2 等斜纹组织制织的紧度较高的呢面风格的粗纺毛织物。重量 430～700 g/m^2。呢面平整、匀净、不露底，手感丰厚而不板硬，常匹染成藏青、咖啡等色。主要用作男女大衣面料。（图 5-32）

图 5-32 平厚大衣呢

2. 立绒大衣呢（raised pile overcoating）

用 48～64 支弹性较好的羊毛，纺成 166.7～71.4 tex（6～14 公支）粗纺毛纱做经纬纱，以 2/2、1/3 破斜纹、五枚纬面缎纹组织制织，经洗呢、缩绒、拉毛、剪毛等工艺整理加工成的表面具有细密蓬松而直立的绒毛的粗纺毛织物。重量 420～720 g/m^2，织物绒面丰满，绒毛密立平齐，手感柔软，弹性好而耐磨，不易起球，并富有自然光泽。主要用作男女大衣面料。

维罗呢（velour）一种绒面似丝绒，较轻和细软的立绒大衣呢。重量约 480 g/m^2。织物绒面丰满，绒毛密立平齐，手感柔软，弹性好而耐磨，不易起球，并富有自然光泽。常匹染成米色等中

浅色。适宜制作女式大衣，也有用于鞋、帽等服饰用品。(图5-33)

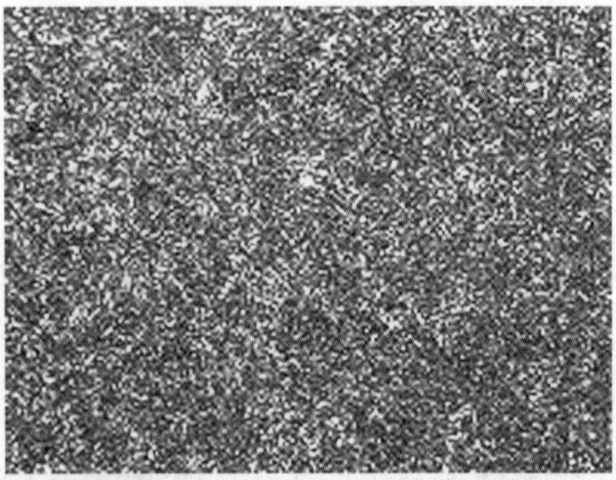

图5-33 维罗呢

顺毛大衣呢(woolen fleece)用58～64支羊毛，或部分混用特种动物纤维，如山羊绒、兔毛、驼绒、牦牛绒等，纺成250～71.4 tex(4～14公支)粗纺毛纱做经纬纱，经纱有时也用精纺股线或粗纺合股纱，以1/3、3/1破斜纹、2/2斜纹或纬面缎纹制织，经洗呢、缩绒、拉毛、剪毛，再经刺果湿拉毛工艺而成的绒毛长且向同一方向倒伏的粗纺毛织物。重量380～780 g/m^2。织物毛绒平伏，手感滑糯柔顺，富有动物毛皮的膘光和兽皮风格。主要用作高档男女大衣面料。

银枪大衣呢(mohair fleece)用10%左右的本白粗马海毛与染成黑色的羊毛、羊绒或其他动物纤维均匀混合，织物经洗呢、缩绒、拉毛、剪毛等工艺整理而成。在乌黑的绒面中均匀地闪烁着银色发光的抢毛，美观大方。主要用作高档男女大衣面料。(图5-34)

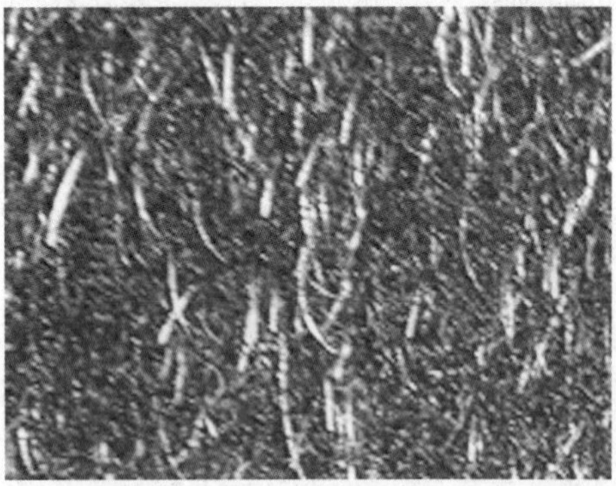

图5-34 银枪大衣呢

拷花大衣呢(embossed overcoating)呢面具有独特的拷花纹路(人字或波浪形凹凸花纹)的粗纺毛织物。重量在580～840 g/m^2。呢面毛茸丰满，手感厚实富有弹性，静止空气量大，保暖性强，花纹清晰均匀，耐磨不起球。主要用于高档冬季男女大衣。

仿拷花大衣呢(embossed-like overcoating)采用58～60支羊毛与20%左右的短毛或再生毛和30%的粘胶纤维混纺成纱，经纬纱采用不同深浅色泽，采用单层人字纹组织制织，经洗呢、缩绒、拉毛、剪毛等工艺整理而成的呢面形成若明若暗的人字形花纹的大衣呢。重量570 g/m^2，色泽常用黑灰配中灰，咖啡配中啡，以产生明暗条纹。适宜制作男女大衣。

(四) 法兰绒(flannel)

采用64支精梳短毛，掺入5%～15%粗绒棉或30%以下的粘胶纤维为原料，用平纹、1/2、2/1，2/2斜纹等组织制织，经缩绒加工而成的呢面风格的混色粗纺毛织物。重量260～320 g/m^2。呢面细洁平整、手感柔软有弹性、混色均匀，具有黑白夹花的灰色风格，比较休闲。薄型的稍露地，厚型的质地紧密，混纺法兰绒因有粘胶，故身骨较软。可用作春秋大衣、风衣、西服套装、西裤、便装等男女装面料。(图5-35)

图5-35 法兰绒

(五) 女士呢(woolen lady's cloth)

采用58~64支毛或一级羊毛、64支精梳短毛、化纤及珍贵的特种动物毛,经纬纱采用100~71.4 tex(10~14公支)粗梳毛纱,组织采用平纹、2/2斜纹、绉组织或其他变化组织,经缩绒整理。按照呢面风格特征分为平素女士呢、立绒女士呢、顺毛女士呢和松结构女士呢。织物色泽鲜艳,手感柔软,有弹性。重量180~400 g/m^2。主要用于秋冬季女装,如两用衫、西上装、风衣和大衣等。(图5-36)

图5-36 平素女士呢

立绒女士呢(velour lady's cloth)经洗呢、缩绒、拉毛、剪毛等工艺整理,表面具有细密蓬松而直立的绒毛。绒面匀净,绒毛密立平整,不露地纹,手感丰满,有身骨弹性。主要用于秋冬季女装,如西上装、风衣和大衣等。

顺毛女士呢(woolen fleece lady's cloth)经洗呢、缩绒、拉毛、剪毛等工艺整理,绒毛长且向同一方向倒伏。手感柔软,滑润细腻,膘光足,手感活络、丰满。高档品种还可混用10%~20%左右的羊绒、兔毛等。是高档的秋冬季女装面料,适宜制作西上装、风衣和大衣等。

羊绒女士呢(cashmere woolen lady's cloth)原料中含有羊绒。一般为顺毛风格,绒毛较长且平整均匀,向一个方向倒伏。手感柔软,滑润细腻,膘光足,手感活络、丰满,是高档的秋冬季女装面料,适宜制作西上装、风衣和大衣等。

兔毛女士呢(rabbit hair woolen lady's cloth)原料中含有兔毛。一般为顺毛风格,绒毛较长且平整均匀,向一个方向倒伏。手感柔软,滑润细腻,膘光足,活络丰满。是高档的秋冬季女装面料,适宜制作西上装、风衣和大衣等。

松结构女士呢(loose structure woolen lady's cloth)大多为纹面织物,经纬向紧度<50%。呢面花纹清晰,色泽鲜艳,质地轻盈,松软活络。适宜制作女上装、背心、裙子等。

(六) 粗花呢(tweed)

粗纺花呢的简称。利用粗纺的单色毛纱、混色毛纱及花式毛纱等以各种织物组织及经纬纱排列方式织成的有条子、格子等花型图案的粗纺毛织物。重量250~400 g/m^2。有呢面风格、绒面风格和纹面风格三类。呢面风格的粗花呢表面呈毡化状短绒覆盖,呢面平整、均匀,质地紧密,身骨厚实,不板不硬。绒面粗花呢表面有绒毛覆盖,绒面丰满,绒毛整齐,手感丰厚柔软而有弹性。纹面型粗花呢表面花纹清晰,纹面匀净,光泽鲜明,身骨挺而有弹性,松结构的要松而不烂。主要用于女装,如两用衫、西装、风衣,做中式罩衫也很别致。有的也适合做男西服上装和两用衫。(图5-37)

图5-37 粗花呢

钢花呢(homespun)又称“火姆司本”。粗花呢的传统品种之一,用粗纺彩点毛纱制织的纹面风格的粗纺毛织物。因表面除一般花纹外，还均匀散布着红、黄、绿、蓝等彩点，似钢花四溅而得名。钢花呢色彩独特，别具休闲风格。主要用作男女休闲西上装、两用衫、风衣等的面料。（图 5-38）

图 5-38　钢花呢

海力斯（harris）采用二、三级羊毛和部分 48～50 支精梳短毛或混入 30% 左右的粘胶纤维，经纬纱支一般为 200～100 tex（5～10 公支），组织采用 2/2 斜纹或破斜纹组织，外观为纹面风格。表面常呈现不上色的白色抢毛，风格粗犷，手感厚实、挺括、富有弹性。主要用作男女休闲西上装和风衣等的面料。

（七）制服呢（uniform cloth）

又称粗制服呢。原料采用半细毛、三级或四级改良毛或混入 30% 左右的粘胶纤维，经纬纱采用 175～166.7 tex（6～8 公支）粗梳毛纱，组织用 2/2 斜纹或破斜纹组织，经缩绒整理，是呢面风格的素色粗纺毛织物。重量 450～520 g/m^2，织物表面有毛茸覆盖，但隐约可见织纹，因原料中含有一定数量的死毛，而使手感粗糙，并且在匹染成藏青、元色等色泽后，呢面色泽不够匀净。主要用作秋冬制服、外套、夹克等的低档面料。

（八）学生呢（uniform cloth）

又称大众呢。原料以精梳短毛、再生毛为主，混以 25%～30% 粘胶纤维，经纬纱采用 111.1～100 tex（9～10 公支）粗梳毛纱，组织用 2/2 破斜纹组织，经缩绒整理，是呢面风格素色粗纺毛织物。织物呢面平整，手感柔软，基本不露织纹，但易起毛起球，不耐磨，价格较低。主要用作男女学生制服面料。

第四节　丝　织　物

一、丝织物服用性能特点

丝织物是用桑蚕丝或柞蚕丝为主要原料加工的织物。丝织物外观绚丽多彩，光泽柔和，悬垂性好，有飘逸感，素有“衣料皇后”之称，是高档女装的理想面料。丝织物的服用性能主要有以下特点。

（1）丝织物强度较好；

（2）桑蚕丝织物光泽柔和明亮，手感爽滑柔软，是高档或中高档服装面料；

（3）柞蚕丝织物色泽和手感不及桑蚕丝织物，沾水易形成水渍；

（4）丝织物抗皱性较差；

（5）丝织物耐光性差；

（6）丝织物比较耐酸不耐碱；

（7）丝织物容易虫蛀。

二、丝织物的主要品种及特点

（一）绡(sheer silks)

采用平纹或透孔组织织制的经纬密度小、质地轻薄、透明的丝织物。从工艺上可分素绡、提花绡和修花绡等。主要用作妇女晚礼服、丝巾、连衣裙等的面料。（图5-39）

真丝绡(silk voile)经纬丝均采用强捻桑蚕丝，组织采用平纹组织，经密和纬密都较小。织物孔眼清晰，质地轻薄平挺。用作夜礼服或宴会服、结婚礼服的兜纱、戏装等的面料。

建春绡(jian-chun satin striped voile)经纬丝均用桑蚕丝织制的平纹地上起缎纹条子的绡类丝织物。绡地轻薄透明，缎条紧密平挺而富有光泽，色彩艳丽，图案含蓄，风格别致。用作妇女高级礼服、宴会服等的面料。

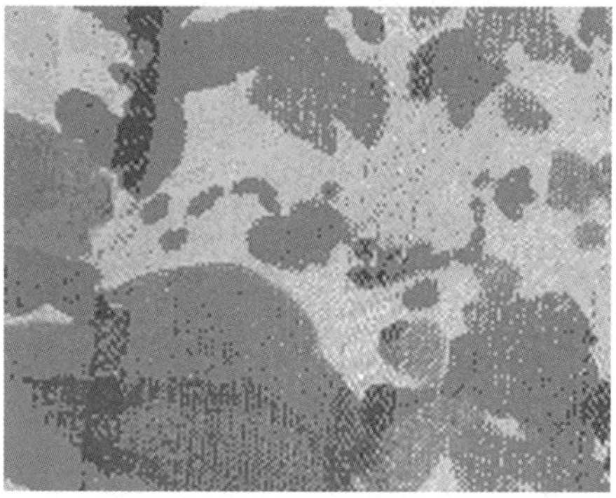

图5-39 印花绡

（二）纺(habotai)

经丝纬丝不加捻或加弱捻，以平纹组织织制的外观平整缜密的素、花丝织物的总称。纺类丝织物外观细洁平滑，手感柔软，光泽柔和明亮。有色织、漂白、染色和印花等种类。主要用作妇女夏季衬衫、丝巾、裙子等的面料。

电力纺(paj)经纬纱均采用无捻桑蚕丝，以平纹组织织制而成的轻薄丝织物。质地平挺，轻薄、细腻，光泽明亮优雅。适宜用作丝巾、服装里料和衬衫面料等。（图5-40，图5-41）

图5-40 电力纺

图5-41 电力纺连衣裙

绢纺（spun silk pongee）以桑蚕绢丝（桑蚕丝短纤纱）为经纬纱，以平纹组织织制的漂白、染色或印花的丝织物。质地丰满柔软，光泽柔和，触感宜人，并有良好的吸湿性、透气性。主要用作妇女夏季衬衫、裙子等的面料。

（三）绢（taffeta）

采用平纹或重平组织，经纬纱先染色或部分染色后进行色织或半色织套染的经向紧密的丝织物。绸面细密挺爽，光泽柔和。用作外衣、礼服、滑雪衣等的面料。

塔夫绢又称塔夫绸。质地平挺、爽滑，织纹紧密细腻，在摩擦时发出特殊而悦耳的声音，俗称丝鸣。宜做妇女春秋服装、礼服等的面料。（图5-42，图5-43）

图5-42　塔夫绸的质感

图5-43　塔夫绸连衣裙

天香绢（tian-xiang faconne taffeta）由桑蚕丝和粘胶丝交织而成的半色织提花绢类丝织物。经纱采用桑蚕丝，纬丝有两组，均采用有光粘胶丝，地组织为平纹，花部组织为八枚经面缎纹、纬花、平纹暗花。绸面细洁雅致，织纹层次较多，质地紧密，轻薄柔软。大多用作春秋冬季妇女服装、儿童斗篷等的面料。

（四）绉（crepes）

采用加捻等工艺条件，应用平纹组织或者其他组织，外观呈现绉效应，光泽柔和并富有弹性的丝织物。品种很多，有轻薄型的乔其纱（绉），中薄型的双绉、碧绉，中厚型的缎背绉、留香绉、柞丝绉等。织物光泽柔和，手感滑爽而富有弹性，抗皱性能良好，强捻纱绉织物悬垂性很好。主要用作妇女衬衫、连衣裙、礼服、旗袍等的面料。

乔其纱(crepe georgette)又名乔其绉、乔其绡。以强捻桑蚕丝作经纱和纬纱,并且以2S、2Z间隔排列,以平纹组织织制的轻薄透明的丝织物。质地轻薄透明,手感柔爽而富有弹性,并具有良好的透气性和悬垂性。主要用作妇女连衣裙、高级夜礼服、丝巾等的面料。(图5-44)

双绉(crepe de chine)(图5-45)经丝为无捻桑蚕丝,纬丝为强捻桑蚕丝且以2Z、2S间隔排列,采用平纹组织织制的表面呈现细小皱纹的丝织物。重量35~78 g/m^2。表面皱纹细小均匀,质地轻柔,平整光亮,富有弹性。可用作衬衫、连衣裙、丝巾等的面料。(图5-45,图5-46)

图5-44 乔其纱连衣裙

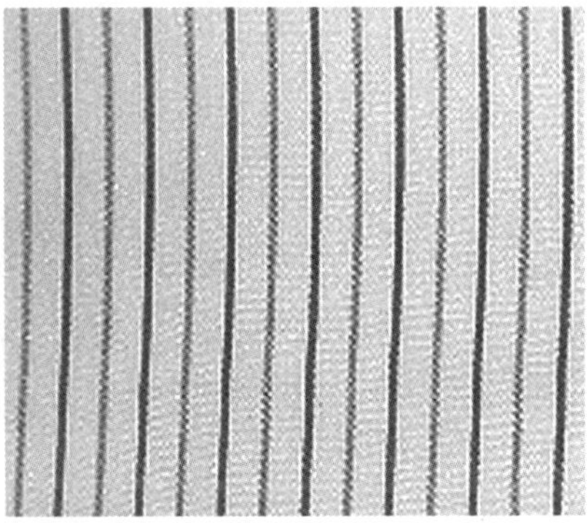

图5-45 双绉

图5-46 双绉连衣裙

香岛绉(xiangdao cloque)甲经和甲乙纬采用强捻桑蚕丝,乙经和丙纬采用无捻桑蚕丝,以双层组织织制的双层高花提花绉类丝织物。织物手感松软,弹性好,表面具有凸凹效应,立体感强,风格独特雅致。主要用作高级女装面料。

碧绉(kabe crepe)经纱采用22.22/24.42 dtex×2(2/20/22旦)桑蚕丝,纬纱为22.22/24.42 dtex×3(3/20/22旦)17.5S捻/cm+22.22/24.42 dtex(1/20/22旦)16Z捻/cm桑蚕丝,以平纹组织织制的表面有细小波纹的织物。光泽柔和,表面有细小波纹状绉纹,手感挺爽、弹性好。用作夏季男女衬衫、男士唐装、长衫或妇女连衣裙等的面料。

留香绉(liuxiang crepe jacquard)由两组经纱与一组纬纱交织而成,地经采用桑蚕丝,纹经采用有光粘胶丝,纬纱为强捻桑蚕丝。地部由地经与纬纱交织成平纹,纹经在背面起有规则的水浪纹接结点。纹经在织物表面起经缎花时,背面衬平纹,地经在织物表面起经花时,背面衬1/3斜纹。绸面有水浪形的绉地上呈现两色花纹,色泽鲜艳,花纹细致,质地柔软,富有弹性。用作妇女春秋服装。

(五)绫(silk twills)

以斜纹或变化斜纹为基础组织,表面具有明显的斜纹纹路的素、花丝织物。织物表面具有明显的斜纹纹路，光泽柔和明亮，质地细腻，穿着舒适。中厚型质地的绫宜做高档衬衫、连衣裙、睡衣、领带和丝巾等的面料，应用中需注意平滑长丝沙的绫类织物紧密度不够大时容易发生纰裂。

桑丝绫（silk twill）又称真丝斜纹绸。经纬纱采用桑蚕丝，以斜纹组织织制的织物。有漂白、染色和印花三类。重量为35～88 g/m^2。质地柔软光滑，弹性较好，光泽柔和明亮，吸湿性和透气性好。大多用作衬衫、连衣裙、绣花裙、绣花睡衣以及方巾、长巾等。（图5-47，图5-48）

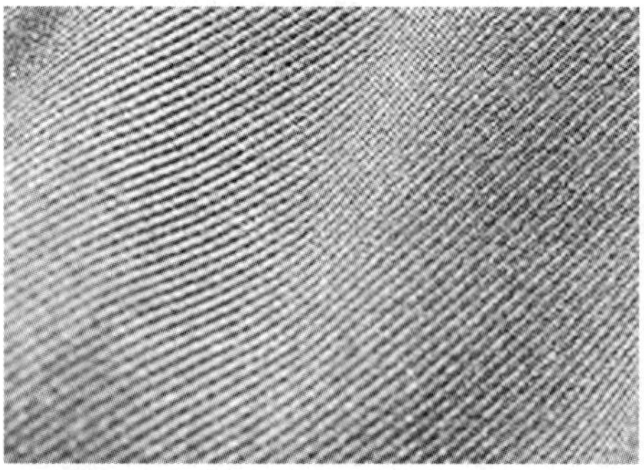

图5-47　桑丝绫

图5-48　桑丝绫衬衫

桑䌷绫（silk noil twill）经纱和纬纱为桑䌷丝，以斜纹组织织制的织物。质地丰厚坚牢，光泽柔和，斜纹纹路隐约可见，弹性较好。适宜用作外衣面料。

（六）缎（satin silks）

全部或大部分采用缎纹组织织制的质地紧密、手感柔软、绸面平滑光亮的丝织物。织物质地紧密，手感细腻柔软，光泽明亮优雅，华贵富丽，在光线的照射下能产生丰富的光影效果，是高档的服装面料。薄型的可用作衬衣、连衣裙、披肩、头巾、舞台服装等的面料；厚型的可做外衣、旗袍、棉袄等的面料。应用中尤其需注意织物需要足够紧密以免使用中容易发生纰裂。

图5-49　素色绉缎的光影效果

绉缎（crepe satin）地组织采用五枚经面缎纹组织，经纱采用无捻桑蚕丝，纬纱采用强捻桑蚕丝。织物正面呈现缎效应，色泽柔和明亮，手感光滑，背面呈绉效应。适宜用作旗袍、晚礼服、睡衣、衬衫等的面料。（图5-49，图5-50）

图 5-50 印花绉缎连衣裙

图 5-51 软缎连衣裙

软缎(silk/rayon union satin)地组织采用八枚经面缎纹组织,经纱采用无捻桑蚕丝,纬纱采用无捻有光粘胶丝交织而成的织物。色泽柔和明亮,手感光滑。适宜用作旗袍、晚礼服、睡衣、儿童斗篷、披风等的面料。(图 5-51)

图 5-52 桑波缎

桑波缎(sangbo crepe damask)经纱采用 22.22/24.42 dtex × 2(2/20/22 旦)桑蚕丝,纬纱采用[22.22/24.42 dtex × 2(2/20/22 旦)18S 捻/cm + 22.22/24.42 dtex(20/22 旦)]16Z 捻/cm 强捻桑蚕丝,在五枚纬面缎纹地上提出五枚经面缎花纹的丝织物。织物挺爽、弹性好,缎面光泽柔和,地部略有细微的波纹。用作男女衬衫、妇女连衣裙等的面料。(图 5-52)

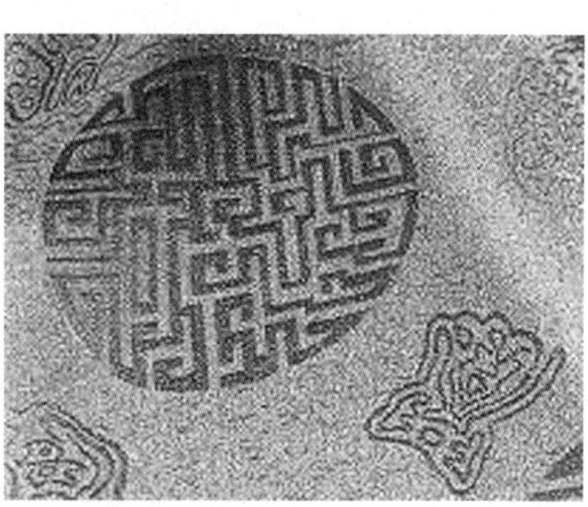

图 5-53 万寿缎

万寿缎(wanshou crepe satin brocade)桑蚕丝平经绉纬生织缎类提花丝织物。经纱采用无捻桑蚕丝,纬纱为桑蚕丝强捻线,以 2S、2Z 交替织入,在 1/3 斜纹地上起八枚缎纹经花和 3/1 斜纹暗花。织物正面光泽明亮优雅,背面有类似双绉的细小皱纹,绸面平挺,质地柔软有弹性。宜用作妇女礼服、男士唐装、棉袄、罩衫等的面料。(图 5-53)

克利缎(keli satin brocade)经纱采用染色桑蚕

丝，纬纱采用染色有光粘胶丝，地组织为八枚经面缎纹，纬纱起花的色织提花缎类丝织物。质地坚实挺括，缎面光泽柔和，风格古朴典雅。主要用作男女中式袄面料，或妇女旗袍及少数民族袍（如蒙古袍）等的面料。

（七）锦（brocades）

以无捻或弱捻染色长丝为经纬纱，采用斜纹、缎纹的多层或多重组织织制的绸面精致、色彩绚丽的色织大提花丝织物。花纹图案多为龙、凤、仙鹤、梅、兰、竹、菊、福、禄、寿、喜等具有中国民族传统的含吉祥如意寓意的纹样，充分体现中国传统文化特色。质地厚实，手感光滑而挺括。品种繁多，传统的有宋锦、蜀锦、云锦、壮锦、妆花缎等，现代有织锦缎、古香缎等。适宜用作具有中国民族特色的服装，如旗袍、中式棉袄及其罩衫等的面料。

宋锦（Song brocade）是中国传统名锦之一。以染色桑蚕丝作经纬纱或以染色桑蚕丝经纱和染色有光粘胶丝作纬纱，以八枚经面缎纹地上提织乙纬纬花而成的锦类丝织物。锦面平挺、结构精细，光泽柔和雅致，图案多为小型几何纹样，古色古香。多用于书画的装裱及高档精美工艺品的锦盒装潢等。在服装上，适宜用作具有中国民族特色的服装，如旗袍、中式棉袄及其罩衫等的面料。（图5-54）

图5-54　宋锦

蜀锦（Shu brocade）是中国传统名锦之一。桑蚕丝色织提花锦类丝织物。包括经锦和纬锦两大类。质地细密，厚实平挺，花纹层次分明。适宜用作具有中国民族特色的服装面料。

云锦（Yun brocade）是中国传统名锦之一。用染色桑蚕丝与金银皮、染色有光粘胶丝织制的色彩富丽华贵、花纹绚烂如云的锦类丝织物。主要包括库锦、库缎、妆花三大类。图案布局严谨庄重，用色浓艳对比强烈，常以金线勾边，纹样有大朵缠枝花和各种云纹等，风格豪放饱满，典雅雄浑。质地紧密厚重，表面手感粗糙。主要用作蒙、藏、满等少数民族的服装和装饰材料。（图5-55）

图5-55　云锦

壮锦（Zhuang brocade）是中国壮族的传统手工织锦。以棉线或麻线作地经、地纬平纹交织成织物地部，以粗而无捻的丝线作彩纬织入起花，并在织物的正面和反面形成对称花纹，将地组织完全覆盖。质地松软而富有弹性，纹样多为菱形几何图案，色彩丰富，具有民族特色。主要用作壮族妇女服饰。（图5-56）

织锦缎（tapestry satin）采用染色的桑蚕丝为经丝原料，与彩色人造丝、金银丝的纬丝，以多重纬组织织制的表层呈经面缎纹的色织大提花丝织物。质地细密，厚实平挺，色彩绚丽，精致华

美。适宜用作具有中国民族特色的服装，如旗袍、中式棉袄及其罩衫等的面料。(图5-57)

图5-56 壮锦面料的背包

图5-57 织锦缎旗袍

(八) 绨(bengaline)

用长丝作经纱，棉纱线作纬纱，以平纹组织织制的质地比较粗厚、表面略显横棱纹的交织物。按所用纬纱的不同分为线绨和蜡纱绨两类。按是否采用大提花工艺分为素绨和花绨。质地粗厚、缜密，织纹简洁而清晰。可用作罩衫、棉袄面等的面料。(图5-58)

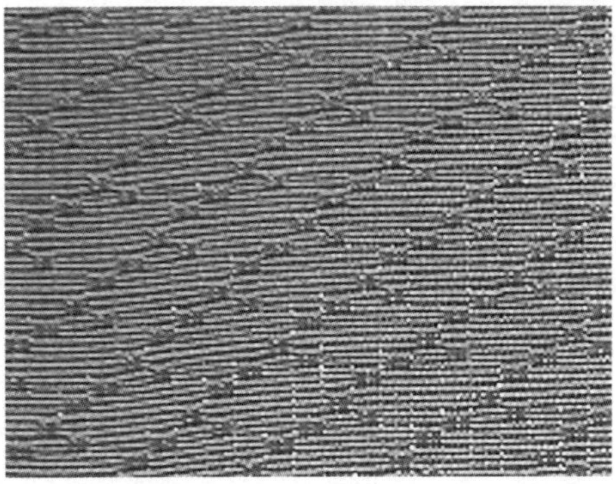

图5-58 素绨

(九) 葛(poplin grosgrain)

采用平纹、经重平、急斜纹组织，经细纬粗，经密纬疏，外观有明显的横棱纹，质地厚实缜密的丝织物。代表品种有特号葛、明花葛和文尚葛。织物表面有明显凸起的横棱纹，质地厚实而较

坚牢。可用作罩衫、棉袄面等的面料。(图5-59)

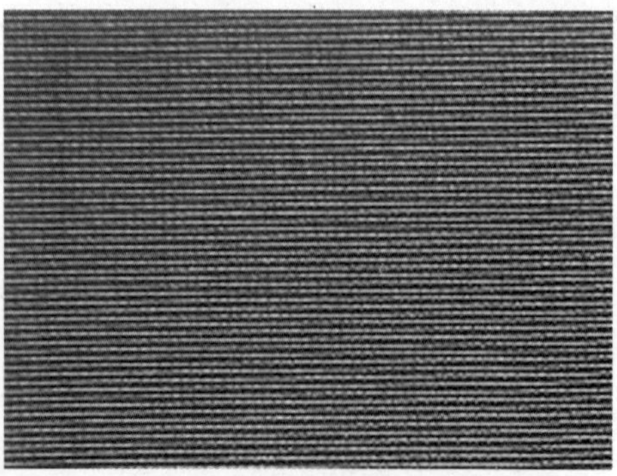
图5-59 葛

特号葛(habotai brocade)采用22.22/24.42 dtex ×2(2/20/22 旦)无捻桑蚕丝作经纱,22.22/24.42 dtex×4(4/20/22 旦)9 捻/cm 弱捻桑蚕丝作纬纱,以平纹组织为地组织,以八枚经面缎纹组织为主花组织,交织而成的提花葛类丝织物。经密 71.3 根/cm,纬密 45.9 根/cm,重量 64 g/m^2。织纹简洁、质地平滑密实,光泽柔和。可用作罩衫、棉袄面等的面料。

明花葛(ming-hua jacquard poult)经纱采用83.25 dtex(1/75 旦)无捻有光粘胶丝,纬纱采用133.2 dtex(1/120 旦)6 捻/cm 的弱捻无光粘胶丝,地部平纹或嵌入短经浮长细点子,花部为五枚经面缎纹组织的提花葛类织物。经密 79.7 根/cm,纬密 30 根/cm,重量 110 g/m^2。绸面具有明显横棱纹效果。可用作罩衫、棉袄面等的面料。

文尚葛(wen-shang faille)经纱采用133.2 dtex(120 旦)有光粘胶丝,纬纱为 18 dtex×3(32/3英支)丝光棉线,以联合组织织制的葛类织物。经密 106 根/cm,纬密 16 根/cm,重量 230 g/m^2。外观有明显的横棱纹,质地紧密而厚实,色光柔和。可用作罩衫、棉袄面等的面料。

(十) 纱(gauze silk)

全部或者部分采用纱组织,织物表面有均匀分布的、不显条状的由绞经所形成的清晰纱孔的丝织物。有素纱与花纱两种,素纱是由地经、绞经两个系统的经丝和一个系统的纬丝构成的经丝相互扭绞的丝织物。花纱分为亮地纱和实地纱。亮地纱是以纱组织为地组织,用平纹、斜纹、缎纹或其他变化组织构成花纹的纱织物。实地纱是以平纹、斜纹、缎纹或其他变化组织为地组织,用纱组织构成花纹的纱织物。纱织物透气性好,是夏季服装的理想面料。(图5-60)

图5-60 素纱

芦山纱(lu-shan gauze)采用两组经纱,甲经纱为31.08/33.33 dtex×2(2/28/30 旦)桑蚕丝,乙经纱为22.22/24.42 dtex×2(2/20/22 旦)18 捻/cm 桑蚕丝,S 捻或 Z 捻;纬纱为 22.22/24.42 dtex×6(6/20/22 旦)12 捻/cm 桑蚕丝,以平纹为地组织,提织 3/3 纬重平暗地花、不规则的细小纱孔点子和经向 8 根为一组的直条形暗花的丝织物。绸面素洁,直条清晰并略有细小纱孔,吸湿性和透气性好,手感轻薄爽挺。主要用作夏季中式服装、长衫、衬衫等的面料。

香云纱(gambiered canton gauze)又名莨绸或拷绸。经茯莨液浸渍处理的桑蚕丝提花绞纱丝织物。织物轻薄,手感挺爽柔滑,抗皱性好,透凉舒适,易洗免烫。特别适合用作夏季服装面料。

(十一) 罗(leno silk)

全部或者部分采用罗组织,构成等距或者不等距的条状绞孔的丝织物。根据绞孔成条方向，分为直罗、横罗两种，绞孔沿织物纬向构成横条外观的，称横罗；构成直条外观的即为直罗。根据罗织物提花与否，分为素罗、花罗两种，素罗的绞孔成条排列，花罗的绞孔按一定花纹图案排列。罗类织物质地轻薄，丝缕纤细，绞孔透气，穿着凉快，并耐洗涤，适合于制作男女夏季各类服装。（图 5-61）

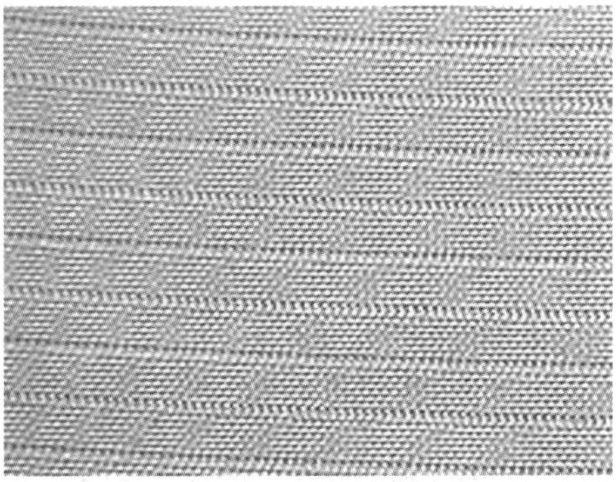

图 5-61 横罗

杭罗（Hang-zhou leno）采用 55.55/77.77 dtex ×3（3/50/70 旦）桑蚕丝作经纬纱，以罗组织织制的织物，重量 107 g/m^2。织物光洁平挺，挺括滑爽，孔眼清晰，吸湿性和透气性好。宜做男女衬衫、便服等的面料。

（十二）绒（velvet）

又称丝绒。采用织物组织（经起绒或纬起绒）和特殊工艺使织物表面形成全部或局部有绒毛或绒圈的丝织物。织物表面覆盖有绒毛或绒圈，光泽柔和而深邃，外观华丽富贵，手感软糯，悬垂性好。适宜用作高档旗袍、夜礼服等的面料。

漳绒（zhangzhou velvet）又称天鹅绒（图 5-62）。表面具有绒圈或绒毛的单层经起绒的绒类丝织物。绒圈或绒毛浓密耸立，光泽柔和、质地坚牢耐磨。常用作妇女高档服装、女帽等的面料。

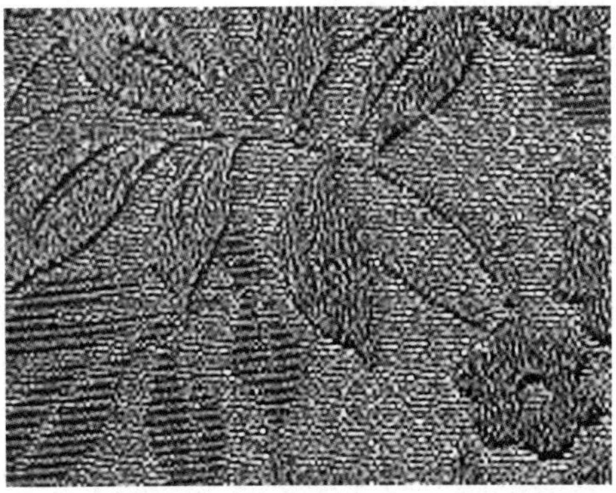

图 5-62 天鹅绒

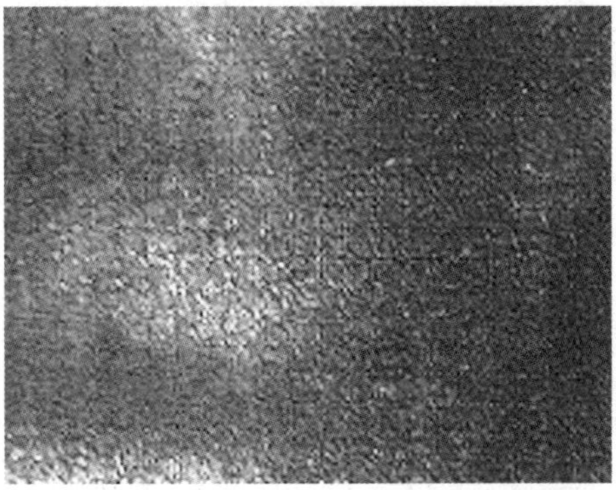

图 5-63 乔其绒

乔其绒（transparent velvet）采用强捻桑蚕丝作地组织纱线，有光粘胶丝作起绒经纱，采用上下接结双层组织织造，后经中间分割成为两幅单层绒坯，再经剪绒、精炼和染整而成的绒类织物。织物绒毛浓密挺立，手感柔软，富有弹性，光泽柔和而深邃，外观华丽富贵，手感软糯，悬垂性好。适宜用作高档旗袍、晚礼服等的面料。（图 5-63）

金丝绒（pleuche）是桑蚕丝和粘胶丝交织的单层经浮长通割起绒织物。地部经纬纱均为无捻桑蚕丝，地组织为平纹，有光粘胶丝作绒经，以一定浮长浮于织物表面，用割绒刀把经浮长通割后再经精炼、染色、刷绒等后整理而形成短而密又略显倾斜的绒毛。织物光泽柔和，绒毛耸密浓簇，质地柔软而富有弹性。适宜用作高档旗袍、晚礼服等的面料。（图 5-64）

烂花丝绒(etched-out velvet)用锦纶丝作地部的经纬纱,有光粘胶丝作绒经,交织后经割绒、精炼、烂花处理、刷绒等后整理而形成的表面有凹凸花纹的绒类丝织物。利用锦纶丝和有光粘胶丝的耐酸碱性不同,在印花色浆中加入酸性物质使印花处的绒毛被腐蚀而去除,形成透明花纹。织物地部轻薄、柔挺、透明,绒毛浓艳密集,花地凹凸分明。主要用作妇女连衣裙、套裙、民族服装等的面料。(图 5-65)

图 5-64　金丝绒

图 5-65　烂花丝绒

(十三) 呢(crepons)

采用绉组织、平纹组织、斜纹组织或联合组织,应用较粗的经纬丝线织制的织物。按外观风格可分为毛型呢和丝型呢两类。织物质地丰厚,具有毛型感。主要用作夹袄、棉袄面料,较薄型的还可用作衬衣、连衣裙等面料。

(十四) 绸(silks)

地纹采用平纹和各种变化组织,或同时混用几种基本组织和变化组织,无突出特征的各类丝织物。按照制造工艺可分为生织和熟织。按厚度和重量分为轻薄型和中厚型。轻薄型的绸质地柔软、富有弹性,常用作衬衫、连衣裙等的面料。中厚型的绸面层次丰富,质地平挺厚实。

双宫绸(doupioni pongee)经纱采用 31.08/33.33 dtex × 2(2/28/30 旦)桑蚕丝,纬纱采用 55.55/77.77 dtex ×2(2/50/70 旦)桑蚕双宫丝,以平纹组织织制的表面呈现粗细不匀横棱纹的织物。绸面呈现均匀而不规则的粗节,质地紧密挺括,色光柔和。适宜用作时装面料。(图 5-66)

图 5-66　双宫绸

和服绸(kimono silk)采用 22.22/24.42 dtex ×4(4/20/22 旦)无捻桑蚕丝,纬纱采用[22.22/24.42 dtex ×3(3/20/22 旦)23S 捻/cm ×2]6Z 捻/cm 强捻桑蚕丝,在绉组织地纹上织出经面缎纹花的丝织物。质地丰厚糯爽,图案典雅,光泽柔和悦目。专门用作和服面料。

绵绸(noil cloth)经纬均采用单股桑紬丝,以平纹组织织制的织物。绸面粗犷,手感丰厚,少光泽,布面有散布的杂质绵粒,手感柔软而略显涩滞。用作妇女罩衫等的面料。

绢纺绸(pongee spun silk)经纬丝均用双股绢丝以平纹组织织制的丝织物。具有良好的服用性能,穿着凉爽舒适、透气吸湿性好。主要用作内衣、衬衫等的面料。

第五节 化学纤维织物

化学纤维的很多织物是仿天然纤维织物传统品种的风格特点,只是由于纤维性质和纱线结构的不同,造成织物服用性能上的较大差异。

一、粘胶纤维织物

粘胶纤维织物是以粘胶纤维为原料的织物。粘胶纤维织物既有粘胶短纤维织物,也有粘胶长丝织物,但在服用性能上有一些共同的特点。

(一)粘胶纤维织物的服用性能特点

(1)粘胶纤维织物吸湿性很好,手感柔软,贴身穿着的舒适性很好。

(2)粘胶纤维织物色泽艳丽,尤其有光粘胶长丝织物色彩夺目,光泽明亮。

(3)普通粘胶纤维织物的悬垂性好,挺括度、弹性和抗皱性差。

(4)普通粘胶纤维织物的强度低,特别是湿强度低。

(二)粘胶纤维织物的主要品种

1. 人造棉平布

简称人造棉,有人造棉细平布和中平布,通常经过染色和印花。其风格特征:质地均匀细洁,色泽艳丽,手感滑爽,穿着舒适,悬垂性好。人造棉具有缩水率大,湿强度低的缺点。主要用于夏季女衣裙、衬衫等。(图5-67,图5-68)

图5-67 印花人造棉布

图5-68 人造棉布连衣裙

2. 粘胶长丝织物

粘胶长丝织物主要是粘胶长丝仿丝绸织物。有粘胶长丝无光纺、粘胶长丝塔夫绸、粘胶长丝乔其绡、粘胶长丝软缎、粘胶长丝织锦缎等品种，与对应的丝织物品种风格相似，光泽更明亮，手感稍差，抗皱性差，湿强度低。

人造丝乔其绡(rayon crepe georgette)经纬纱均为强捻有光粘胶丝，分别以两根S捻、两根Z捻间隔排列，以平纹组织织制的轻薄透明的织物。绉效应显著，富有弹性，穿着舒适，但织物表面没有真丝乔其绡细腻。主要用作衬衫、连衣裙、披纱、围巾等的面料。

人造丝条子花绡(tiaohua voile broche)采用不同颜色的有光粘胶丝作经纱按一定宽度间隔排列，有纵向提花条纹，平纹组织地部稀薄透明的织物。手感轻柔爽滑，色彩鲜艳明快，吸湿性和透气性好。大多用作妇女夏季衬衫、连衣裙等的面料。

无光纺(dull rayon habotai)经纬纱均采用无捻的无光粘胶丝，以平纹组织织制的非紧密结构的织物。有漂白、染色和印花三类。织物表面细洁光滑，平整缜密，光泽暗淡，手感柔软光滑，吸湿性和透气性好。主要用作夏季衬衫、连衣裙等的面料。

有光纺(rayon habotai)经纬纱均采用无捻的有光粘胶丝，以平纹组织织制的非紧密结构的织物。有漂白、染色和印花三类。织物表面细洁光滑，平整缜密，光泽明亮，手感柔软光滑，吸湿性和透气性好。主要用作夏季衬衫和连衣裙等的面料及服装里料。

富春纺(fuchun habotai)经纱采用有光粘胶丝或无光粘胶丝，纬纱采用有光粘胶纤维短纤纱，以平纹组织织制的非紧密结构的织物。有漂白、染色和印花三类。织物表面细洁光滑，表面有略显凸起的横棱纹，光泽明亮，质地丰厚，手感柔软光滑，吸湿性和透气性好。大多用作夏季连衣裙面料。

人造丝双绉(rayon crepe de chine)经纱采用无光粘胶丝，纬纱为强捻有光粘胶丝，以2Z、2S间隔排列，以平纹组织织制的表面有细小皱纹的织物。绉效应显著，光泽柔和，弹性不及真丝双绉。宜做男女衬衫等的面料。

人造丝塔夫绢(rayon taffeta)经纱和纬纱采用有光粘胶丝，以平纹组织织制的经向紧密的织物。绸面比桑蚕丝塔夫绢粗犷厚实、平滑、色光晶莹悦目。常用作春秋大衣里料等。

美丽绸(mei-li lining twill)又称粘丝绫。经纱和纬纱均采用有光粘胶丝，以3/1斜纹组织织制的织物。绸面光亮平滑，斜纹纹路清晰。多用作服装里料。

羽纱(rayon luster lining)经纱采用133.2 dtex(120旦)有光粘胶丝，纬纱采用棉纱线，以3/1斜纹组织交织而成。绸面光滑，斜纹纹路清晰，质地柔软。多用作服装里料。

人造丝软缎(rayon satin)俗称玻璃缎。经纱和纬纱采用无捻有光粘胶丝，以八枚经面缎纹或五枚经面缎纹组织织制。具有绸面平滑光亮，质地柔软，背面呈现斜纹状的风格特点。可用作面料或里料，经绣花后可制成旗袍、晚礼服、睡衣、儿童斗篷、披风等。

人造丝织锦缎(rayon tapestry satin)采用染色有光粘胶丝为经纬纱织制的织锦缎。由一组经纱和三组纬纱交织而成，经纱采用66.66 dtex(60旦)3S捻/cm染色有光粘胶丝，甲、乙、丙三组纬纱均为133 dtex(120旦)染色有光粘胶丝，地部以甲纬织入八枚经面缎纹，背衬乙纬十六枚缎和丙纬十六枚缎，花部为甲、乙、丙纬花。缎面精致光亮，色彩浓艳，图案古朴端庄。适宜用作具有中国民族特色的服装，如旗袍、中式棉袄及其罩衫等的面料。

利亚绒(ria velvet)用有光人造丝作经纬纱，采用上下接结双层组织织造，后经中间分割成为两幅单层绒坯，再经剪绒、精炼和染整而成的绒类织物。织物表面绒毛丰满，色泽鲜艳，手感柔软。适宜用作旗袍、晚礼服等的面料。

二、涤纶织物

涤纶织物是以涤纶纤维为原料加工的织物。涤纶织物绝大多数是涤纶长丝织物，有涤纶仿丝绸织物、涤纶仿毛织物、涤纶仿麻织物和涤纶仿麂皮织物几大类，虽然风格各异，但在服用性能上有其共同点。

（一）涤纶织物的服用性能特点

（1）涤纶织物强度高，弹性好，挺括抗皱；

（2）涤纶织物吸湿性差，贴身穿着有闷热感而使舒适性差，且易产生静电，易沾污，但易洗快干、免熨烫，洗可穿性很好；

（3）涤纶织物的抗熔孔性差，接触烟灰、火星即形成孔洞；

（4）涤纶织物可以进行热定形，达到所需的各种形态，且保形性好。

（5）涤纶织物不易虫蛀，也不易发霉；

（6）涤纶织物有较好的耐化学药品性。

（二）涤纶织物的主要品种

1. 涤纶仿丝绸织物

仿丝织物一般用圆型、异型截面的细旦或普旦涤纶长丝及短纤维纱线为经纬纱，织成相应品种的绸坯，再经染整及碱减量加工，从而获得既有真丝风格，又有涤纶特性的织物。主要品种有涤纶乔其纱、涤丝纺、涤纶双绉、涤纶织锦缎等。外观风格与相应品种的真丝织物很接近，但手感稍硬。

涤纶乔其纱（polyester crepe georgette）以强捻涤纶长丝作经纱和纬纱，并且以 2S、2Z 间隔排列，以平纹组织织制的轻薄透明的织物。质地轻薄透明，手感柔爽而富有弹性，并具有良好的透气性和悬垂性，强度好，抗皱性好，易洗免烫，不容易发霉和虫蛀。主要用作女衬衫、连衣裙、礼服等的面料。

涤丝纺（polyester habotai）经纬丝均采用无捻或弱捻涤纶长丝，以平纹组织织制的非紧密结构的织物。织物表面细洁光滑，平整缜密，质地坚牢挺括，具有良好的弹性和耐磨性，易洗快干，不需熨烫，不霉不蛀，但易起静电。主要用作运动服、滑雪衣等的面料及服装里料。

涤丝绉（polyester crepe）以强捻涤纶长丝作经纱和纬纱，应用平纹组织或者其他组织，外观呈现绉效应，光泽柔和并富有弹性的织物。品种很多，例如花瑶和涤纶缎背绉等。织物光泽柔和，手感滑爽而富有弹性，抗皱性能良好，悬垂性好，易洗免烫，不容易发霉和虫蛀，吸湿性差，贴身穿着易产生闷热感。主要用作妇女衬衫、连衣裙、礼服、旗袍等的面料。

涤丝绫（polyester twill faconne）经纬纱均用无光涤纶长丝，以斜纹组织交织而成。织物质地挺括滑爽，具有良好的弹性和耐磨性，易洗快干，不需熨烫，不霉不蛀，但易起静电。多用作服装里料。

涤纶缎（polyester satin）经纱和纬纱为无捻涤纶长丝，以缎纹组织织制的织物。织物质地紧密，手感平滑，缎面光亮，强度好，抗皱性好，易洗免烫，不容易发霉和虫蛀。经纬密度低时织物易发生纰裂。宜用作妇女礼服、罩衫、棉袄等的面料及夹克、西服上装、套装、大衣等的里料。

涤纶织锦缎（polyester brocade）采用染色的涤纶丝为经纱和纬纱，以多重纬组织织制的表层呈经面缎纹的色织大提花织物。质地细密，厚实平挺，色彩绚丽，精致华美，手感比真丝织锦缎略硬，强度好，耐光性好，不容易发霉和虫蛀。适宜用作具有中国民族特色的服装，如旗袍、中式棉袄、棉袄罩衫等的面料。

2. 涤纶仿毛织物

涤纶仿毛织物主要为仿羊毛精纺织物，一类是用涤纶长丝为原料，多采用涤纶加弹丝、涤纶网络丝或多种异形截面的混纤丝。一般单丝粗旦 3.3 ~ 5.6 dtex（3 ~ 5 旦）仿毛产品手感较差，而单丝细旦 2.2 dtex（2 旦）仿毛产品手感细腻。涤纶仿毛织物一般较纯毛织物滑亮。另一类是用中长型涤纶短纤维与中长型粘胶或中长型腈纶混纺成纱后织成中长仿毛产品。其中的主要品种有涤弹哔叽、涤弹华达呢、涤弹花呢、涤纶网络丝仿毛织物等，这些织物的外观风格与同品种的精纺羊毛织物很接近，但手感硬挺些。

3. 涤纶仿麻织物

多采用涤纶长丝强捻纱，以平纹和凸条组织等变化组织织成的具有干爽手感的仿麻织物。一般用 50% 改性涤纶与 50% 普通涤纶为原料，加强捻，以不同喂入速度而形成条干粗细及捻度不匀的特殊结构合股线，以平纹和凸条组织形成外观粗犷、手感柔和而干爽的薄型仿麻织物，适合做夏季男女衬衫、衣裙及时装面料。

4. 涤纶仿麂皮织物

主要以细旦或超细涤纶为原料，以非织造布、机织物、针织物为基布经过特殊整理加工而获得的各种性能外观颇似天然麂皮的涤纶绒面织物。分为三个档次：人造高级麂皮、人造优质麂皮和人造普通麂皮。

5. 涤纶混纺织物

为了弥补涤纶吸湿性差的缺点和改善天然纤维和人造纤维素纤维织物的保形性及坚牢度，常采用涤纶与棉、毛、丝、麻和粘胶纤维混纺，织成各种涤纶混纺织物，其服用性能兼有涤纶和所混纺纤维的性能特点，品种随与涤纶混纺的那种纤维的织物品种。

三、锦纶织物

（一）锦纶织物的服用性能特点

（1）锦纶织物强度高，弹性好，挺括抗皱；

（2）锦纶织物轻便；

（3）锦纶织物吸湿性差，贴身穿着有闷热感而使舒适性差，且易产生静电，易沾污，但易洗快干、免熨烫，洗可穿性很好；

（4）锦纶织物的抗熔孔性差，接触烟灰、火星即形成孔洞；

（5）锦纶织物可进行热定形，达到所需要的各种形态，且保形性好。

（6）锦纶织物不易虫蛀，也不易发霉；

（7）锦纶织物有较好的耐化学药品性。

（二）锦纶织物的常见品种

1. 尼丝纺（nylon habotai）

尼丝纺又称尼龙纺。经纬纱为无捻或弱捻的锦纶丝，以平纹组织织制的非紧密结构的仿丝织物。一般分中厚型（重量 80 g/m^2）和薄型（重量 40 g/m^2）两类。织物表面细洁光滑，平整缜密，质地坚牢挺括，具有良好的弹性和耐磨性。中厚型尼丝纺可用作服装面料及里料。若经防水涂层整理，可用作滑雪衫、风雨衣等的面料。薄型的可做薄型服装的里料及方巾等。

2. 尼巾绡(nylon sheer)

尼巾绡以锦纶单丝作经纬纱，采用平纹组织织制的稀薄透明的织物。质地平挺，轻薄透明，孔眼方正。宜用作方巾、披纱、结婚礼服等的面料。

3. 晶纶绡(jing-lun sheer)

晶纶绡经纬纱均用33.33 dtex(30 旦)锦纶变形丝织制的稀薄透明的平纹织物。绸面晶莹透明，抗皱性好。宜用作胸花、夜礼服和结婚礼服等的面料。

四、氨纶织物

氨纶织物包含纯氨纶织物和含氨纶织物，而且含氨纶织物占多数。纯氨纶织物的服用性能主要由氨纶纤维的性能决定，而含氨纶织物中实际的氨纶含量一般都较低，氨纶纤维的作用是为织物提供了好的延伸性和弹性，其他性能由其中的主要纤维的性能决定。

由于氨纶有很高的弹性，因此混用氨纶的比例不同，可以加工出不同弹力大小的织物。氨纶弹力织物一般具有15% ~45%的弹力范围，适合体操运动员、芭蕾舞演员穿用的服装弹力会更大。氨纶弹力织物的主要特点就是它的无可比拟的伸长特性和弹性恢复能力，有很好的运动舒适性，同时兼具外包纤维的服用性能特点。

第六节 机织物的分析鉴别

机织物的种类繁多，其性能、手感风格和布面外观特征各不相同，因此，在衣料选用和缝制加工过程中可依此进行鉴别判断。

一、机织物正反面的鉴别

服装制作时，织物的正面朝外，反面朝里，因此，利用织物正反面的差异进行正反面的识别就成为一项必不可少的工作。一般而言，织物的正面质量总是比反面好，如下所列为织物正反面识别时的各项具体依据：

(1) 织物正面的织纹、花纹、色泽比反面的清晰、美观、立体感强；织物正面比反面光洁，疵点少；

(2) 凹凸织物正面紧密而细腻，条纹或图案凸出，立体感强，反面较粗糙且有较长的浮长线；

(3) 起毛织物中单面起毛者一般正面有绒毛，双面起毛织物则毛绒均匀整齐的一面为正面；

(4) 双层、多层及多重织物的正反面若有区别时，一般正面的原料较佳，密度较大；

(5) 毛巾织物以毛圈密度大、毛圈质量好的一面做正面；

(6) 纱罗织物其纹路清晰，绞经突出的一面为正面；

(7) 布边光洁整齐的一面为正面；

(8) 具有特殊外观的织物，以其突出风格或绚丽多彩的一面为正面；

（9）少量双面织物，两面均可做正面使用。

二、织物经纬向的确定

服装制作时，衣长、裤长一般需采用织物的经向，胸围、臀围一般采用织物的纬向，因此，织物正反面识别正确后，还必须确定织物的经纬向，这些都是服装裁剪前的必要步骤。确定织物经纬向的各项依据如下：

（1）如织物上有布边，则与布边平行的为经纱，与布边垂直的为纬纱；

（2）织物的经纬密度若有差异，则密度大的一般为经纱，密度小的一般为纬纱；

（3）若织物中的纱线捻度不同时，捻度大的多数为经纱，捻度小的为纬纱；当一个方向有强捻纱存在时，则强捻纱为纬纱；

（4）纱罗织物，有绞经的方向为经向；

（5）毛巾织物，以起毛圈纱的方向为经向；

（6）筘痕明显的织物，其筘痕方向为织物经向；

（7）经纬纱如有单纱与股线的区别，一般股线为经纱，单纱为纬纱。

三、织物原料的鉴别

确定织物的经纬向后，可以从织物的经向和纬向分别抽出纱线或纤维，应用第二章第五节中有关的纤维鉴别方法进行鉴定。

本章小结

本章主要讲述了棉织物的服用性能特点、主要品种及其特点，麻织物的服用性能特点、主要品种及其特点，毛织物的服用性能特点、主要品种及其特点，丝织物的服用性能特点、主要品种及其特点，粘胶纤维织物的服用性能特点、主要品种及其特点，涤纶织物的服用性能特点、主要品种及其特点，锦纶织物的服用性能特点、主要品种及其特点，氨纶织物的服用性能特点、主要品种及其特点。介绍了机织物的鉴别方法。

思考与练习

1. 试述棉织物的主要品种及其风格、服用性能特点和服装适用性。
2. 试述麻织物的风格、服用性能特点和服装适用性。
3. 试述精纺毛织物的主要品种及其风格、服用性能特点和服装适用性。
4. 试述粗纺毛织物的主要品种及其风格、服用性能特点和服装适用性。
5. 试述丝织物的主要品种及其风格、服用性能特点和服装适用性。
6. 试述粘胶纤维织物和涤纶织物的服用性能特点和服装适用性。

第六章

常用针织面料

纤维原料不同、纱线结构不同、织物组织不同和后整理的不同都可使针织物的外观和服用性能发生变化，从而形成各种各样的针织面料。与机织面料相比，针织面料强度较低，容易变形，容易钩丝，裁剪比较困难，手感柔软，透气性好，延伸性好，富有弹性。

针织面料根据其加工方法分为纬编针织面料和经编针织面料两大类；按用途分为内衣面料、外衣面料、衬衣面料和运动衣面料；按花色分为素色面料、色织面料和印花面料等。

第一节　纬编针织面料

纬编针织面料质地柔软，具有较大的延伸性、弹性以及良好的透气性，但挺括度和形态稳定性不及经编针织面料好。纬编针织面料所使用原料和机织面料基本相同，有棉、麻、丝、毛等各种天然纤维及涤纶、腈纶、锦纶、丙纶、氨纶、粘胶纤维、莫代尔和天丝等化学纤维。

一、纬平针面料

采用纬平针组织织成的织物。纬平针面料的纵向和横向都有较大的延伸性、弹性以及良好的透气性，但容易卷边和脱散。

用细支和中支的棉纱线或涤/棉纱线按纬平针面料，多用于制作夏季穿着的汗衫，因此俗称为"汗布"（图6-1）。汗布可以采用普梳棉纱，也可以采用精梳棉纱。有漂白、染色、色织和印花等品种，一般用于制作汗衫、背心、内裤、薄型棉毛衫等。目前，高档的汗布多采用高支精梳棉纱织成后再经过丝光加工而成。

图6-1　汗布

用苎麻纱线、亚麻纱线、大麻纱线和麻混纺纱线加工的纬平针面料，吸湿性好，放湿快，透气性好，织物硬挺，凉爽不粘身，强度好，耐洗涤。特别适宜制作夏季T恤衫等。

用蚕丝和绢丝加工的纬平针面料，光泽柔和明亮，手感柔软、滑爽，弹性较好，有良好的吸湿性，织物的悬垂性较好，有飘逸感。可制作内衣、T恤衫、晚礼服、裙衫等。

用羊毛纱线和毛混纺纱线加工的纬平针面料，延伸性好，弹性好，手感丰满、软糯，保暖性好，多用于制作薄型或中厚型的毛衫。

用腈纶纱线加工的纬平针面料，延伸性好，弹性好，手感柔软，色泽鲜艳且不易褪色，吸湿性较差，易洗快干，洗涤后不变形，但易产生静电和吸附灰尘。主要制作T恤衫、腈纶衫等。

用涤纶低弹丝加工的纬平针面料，具有优良的抗皱性、弹性和尺寸稳定性，织物挺括、易洗快干、牢度好、不霉不蛀，但吸湿性差，制作贴身穿着的服装时易粘贴身体和产生闷热感，舒适性较差。

二、纬编罗纹面料

采用罗纹组织织成的织物。罗纹面料在外观上有明显的纵向条纹（图6-2），根据所用纱线的粗细和组织变化，罗纹面料的纵向条纹可宽可窄，呈现出不同的风格。在性能上，罗纹面料纵向的延伸性和弹性较好，横向的延伸性和弹性很好，裁剪时不会出现卷边现象，逆编织方向容易脱散。

图6-2　纬编罗纹面料

纯棉罗纹面料手感柔软，吸湿性好，贴身穿着舒适。绢丝罗纹面料不但手感柔软，吸湿性好，贴身穿着舒适，而且光泽比较明亮。纯羊毛、毛混纺和腈纶罗纹面料除了广泛用作羊毛衫、腈纶衫的面料外，还广泛用于袖口、领口、衣服的下摆。

三、纬编衬垫面料

衬垫面料是采用衬垫组织织成的织物。由于衬垫纱处于比较平直的状态，衬垫面料的横向延伸性较小。衬垫面料根据地组织的不同，有纬平针衬垫针织物、添纱衬垫针织物、集圈衬垫针织物、罗纹衬垫针织物等，如果改变衬垫纱颜色和垫纱方式，还可形成色彩效应和凹凸效应的花色衬垫针织物。

衬垫面料的地纱一般为中等细度的棉纱、腈纶纱、涤纶纱或混纺纱，衬垫纱一般用较粗的毛纱、腈纶纱或混纺纱。

衬垫面料一般为中厚型服装面料，可用来缝制运动衣、外衣等。

四、纬编拉绒面料

纬编拉绒面料分单面绒和双面绒两种。单面绒通常由衬垫针织物的反面经拉毛整理而形成。按照绒面厚度的不同，单面绒又分为细绒、薄绒和厚绒三种。双面绒一般由双面针织物进行两面拉毛整理而成。

纬编拉绒面料具有手感柔软、织物丰厚、保暖性好等特点。所用原料种类很多，底布通常用棉纱、混纺纱、涤纶纱或涤纶丝，起绒纱通常用较粗的棉纱、涤纶纱、毛纱或混纺纱等。纬编拉绒面料应用较广，可用来缝制冬季的绒裤、运动衣和外衣等。

细绒布绒面较薄，布面细洁、美观。纯棉类细绒布穿着舒适，不容易产生静电，一般用于缝制妇女和儿童的内衣；腈纶类细绒布轻便、色牢度好，但容易产生静电，常用于运动衣和外衣。

薄绒布的种类很多，按原料可分为纯棉、化纤和混纺几类。纯棉薄绒布手感柔软，保暖性好，不容易产生静电，常用于制作春秋季穿着的绒衫裤；腈纶薄绒布色泽鲜艳，绒毛均匀，缩水率小，保暖性好，容易产生静电，常用于运动衫裤。

厚绒布是起绒针织物中最厚的一种，原料一般为纯棉或腈纶。厚绒布的绒面蓬松，保暖性好，常用来制作冬季穿着的绒衫裤。

摇粒绒是近年来广泛受人们欢迎的一种纬编针织绒布，手感柔软，质地轻，保暖性好。摇粒绒以涤纶为原料，在大圆机上编织成坯布，再经拉毛、刷毛、梳毛、剪毛、摇粒等多个工序加工处理。摇粒绒正面拉毛，摇粒蓬松密集而又不易掉毛、起球，反面拉毛疏稀匀称，绒毛短少，组织纹理清晰。摇粒绒有素色的，也有压花、提花、印花等不同类型的花纹。摇粒绒还可以与其他面料进行复合，增加保暖性，主要有摇粒绒与摇粒绒复合、摇粒绒与牛仔布复合、摇粒绒与羊羔绒复合、摇粒绒与网眼布复合中间加防水透气膜等等。摇粒绒面料幅宽 150～160 cm，适宜制作童装、夹克衫、休闲风衣等。（图 6-3）

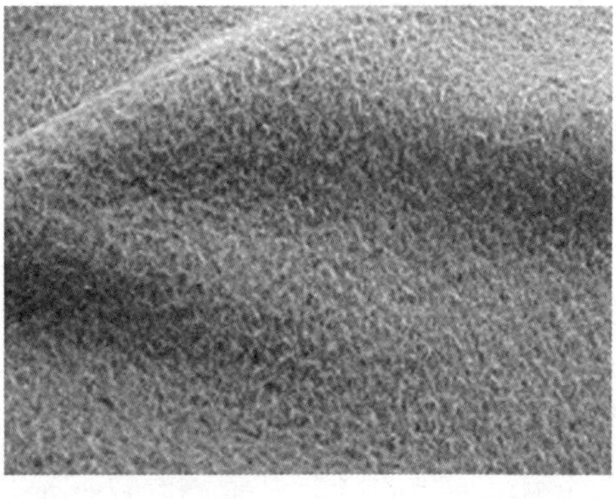

图 6-3　摇粒绒面料

五、纬编毛圈面料

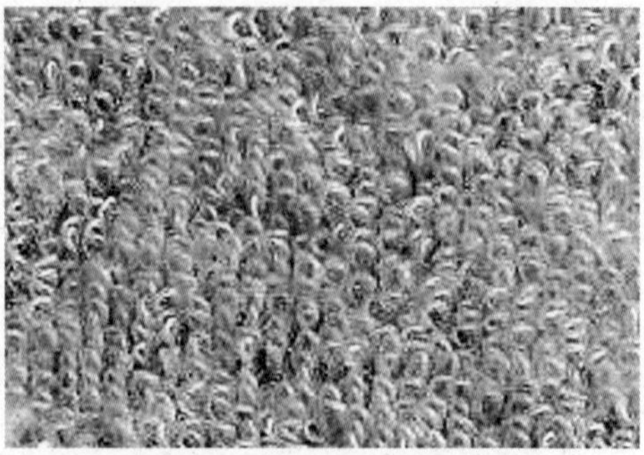
图6-4 毛圈面料

纬编毛圈面料是指一面或两面有毛圈覆盖的纬编针织物(图6-4)。织物手感松软、质地厚实、有良好的吸水性和保暖性。

毛圈面料又分为单面毛圈织物和双面毛圈织物。

纯棉单面毛圈面料手感松软,具有良好的延伸性,弹性好,抗皱性好,吸湿性好,触感温暖,常用于制作春末夏初或初秋季节穿着的长袖衫、短袖衫,也可用于缝制睡衣。

双面毛圈面料质地厚实,毛圈松软,具有良好的保暖性和温暖感。织物两面的毛圈可采用不同颜色或不同的纤维原料,形成双面不同的外观效果。

六、纬编天鹅绒面料

图6-5 纬编天鹅绒面料

天鹅绒面料表面覆盖有直立的绒毛。天鹅绒面料多用棉纱、涤纶长丝、锦纶长丝、涤/棉混纺纱做地纱,用棉纱、涤纶长丝、涤纶变形丝、涤/棉混纺纱、醋酯纤维做起绒纱。天鹅绒面料可由将起绒纱按衬垫纱编入地组织后经割圈而成,也可由毛圈组织经割圈而成。(图6-5)

天鹅绒面料手感柔软,织物丰厚,悬垂性好,绒毛紧密而直立,色光柔和,织物坚牢耐磨。天鹅绒面料可制作外衣、裙子、旗袍、披肩、睡衣等。

七、花色针织面料

花色面料是采用提花组织、胖花组织、集圈组织、波纹组织等在织物表面形成花纹图案、凹凸、孔眼、波纹等花色效应的针织物,有单面、双面及色织花色针织物。

八、双罗纹针织面料

双罗纹组织由两个罗纹组织彼此复合而成。用棉纱线织成的双罗纹组织的针织物,俗称“棉毛布”。该织物手感柔软、弹性好、布面匀整、纹路清晰,稳定性优于汗布和罗纹布。

九、衬经衬纬针织面料

衬经衬纬针织面料较多在纬平针组织的基础上编织。面料的纵、横向延伸性很小,形态稳定性好,手感柔软,透气性好,穿着舒适,适宜制作外衣。

第二节 经编针织面料

经编针织面料的原料多数采用涤纶、锦纶、丙纶等合纤长丝，也有用棉、毛、丝、麻、化纤及其混纺纱的。普通经编织物多采用经平组织、经缎组织、经斜组织等织制。花式经编织物种类很多，常见的有网眼织物、毛圈织物、褶裥织物、长毛绒织物、衬纬织物等。经编针织物比纬编针织物尺寸稳定，织物挺括，脱散性小，不会卷边，透气性好，但延伸性、弹性和柔软性不如纬编针织物。

一、经编网眼织物

经编网眼织物采用变化经平组织等织制，在织物表面形成方形、圆形、菱形、六角形、柱条形、波纹形的孔眼。孔眼的大小、形状、多少和分布都可根据需要而设计。（图6-6）

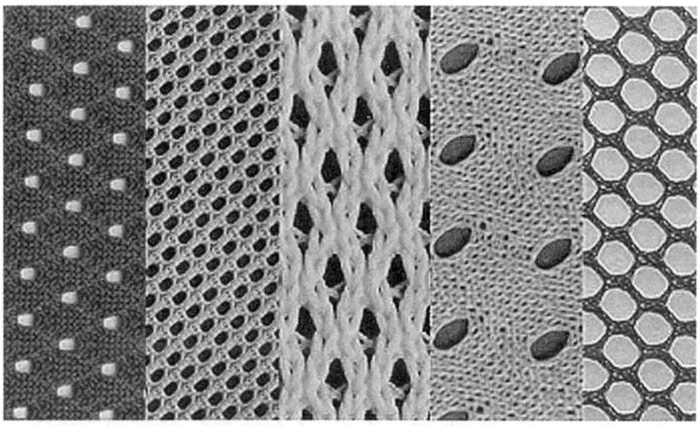

图6-6　几种不同效果的经编网眼织物

经编网眼织物多采用涤纶长丝织制，因所用纱线细度的不同，有质地轻薄的，也有质地较厚的，织物有良好的弹性和透气性，手感滑爽柔挺。轻薄的主要用作夏令男女衬衫面料、裙料等，较厚的多用作运动服的里料。

二、经编仿麂皮织物

由经编织物经磨绒处理而成的外观类似于麂皮的针织物。经编仿麂皮织物（图6-7）具有结构稳定、绒毛牢固、弹性好、悬垂性好、耐磨性好、抗皱等特点。采用色纱编织，或在整理时进行印花、轧花处理，可有多种花色。经编仿麂皮织物可用作运动服、猎装等的面料，也可用于制作箱包、手套、鞋帽等。

图6-7　经编仿麂皮织物

三、经编灯芯绒织物

经编灯芯绒织物（图6-8）为表面具有灯芯条状的经编绒类织物。有起绒和割绒灯芯绒两种。前者是将单针床经编机编织的凹凸条状的单面经编织物，经各种绒类后整理加工而成；后者是将双针床经编机编织的双层纵条经编织物，经割绒后整理加工而成。经编灯芯绒织物的原料可以是天然纤维，也可以是化学纤维，织物弹性较好，耐磨性好，有休闲风格。

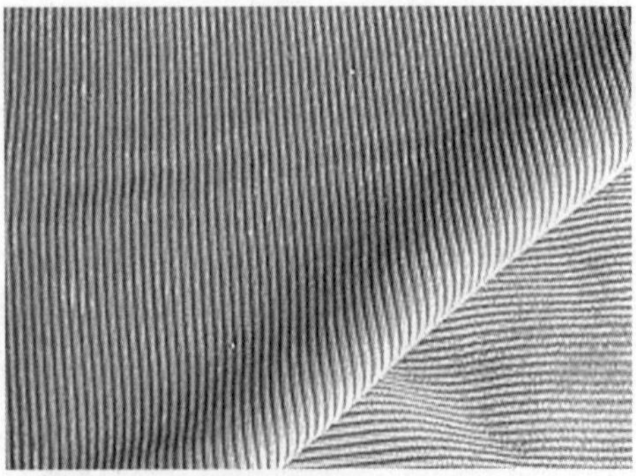

图6-8　经编灯芯绒织物

四、经编起绒织物

经编起绒织物常以涤纶丝作原料，采用编链组织与变化经绒组织间隔配置，织成后经拉毛整理而成。外观似呢绒，绒面丰满，布身紧密厚实，手感挺括柔软，织物悬垂性好，织物易洗、快干、免烫，但容易产生静电，易吸附灰尘。经编起绒织物有许多品种，如经编麂皮绒、经编金光绒（图6-9）、经编平绒（图6-10）等。主要用作冬季男女大衣、风衣、上衣、西裤等面料。

图6-9　经编金光绒

图6-10　经编平绒

五、经编丝绒织物

经编丝绒织物（图6-11）常以涤纶丝作地纱，以腈纶纱等作绒纱，采用拉舍尔经编机织成绒纱做接结纱的双层织物，再经割绒机割绒后，成为两片单层丝绒。按绒面状况，可分为平绒、条绒、色织绒等，各种绒面可同时在织物上交叉布局，形成多种花色。经编丝绒织物，表面绒毛浓密耸立，手感丰厚、柔软、富有弹性，保暖性好。主要用作冬季服装、童装面料。

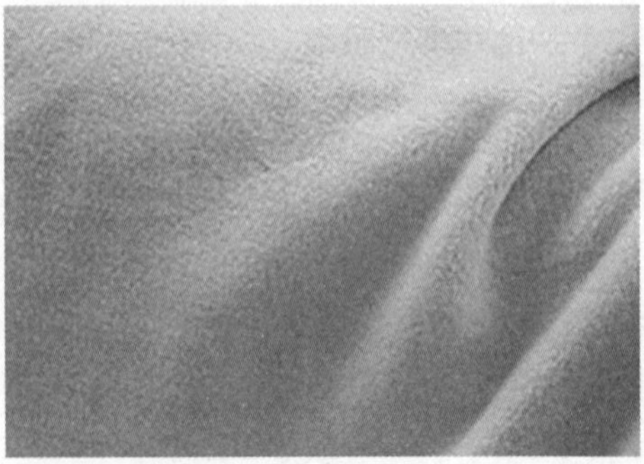

图6-11　经编丝绒织物

六、经编毛圈织物

经编毛圈织物(图 6-12)是采用毛圈组织织制的单面或双面毛圈织物。织物的手感丰满厚实,布身坚牢厚实,弹性和保暖性良好,毛圈结构稳定,具有良好的服用性能。主要用作运动服、翻领 T 恤衫、睡衣、童装等面料。

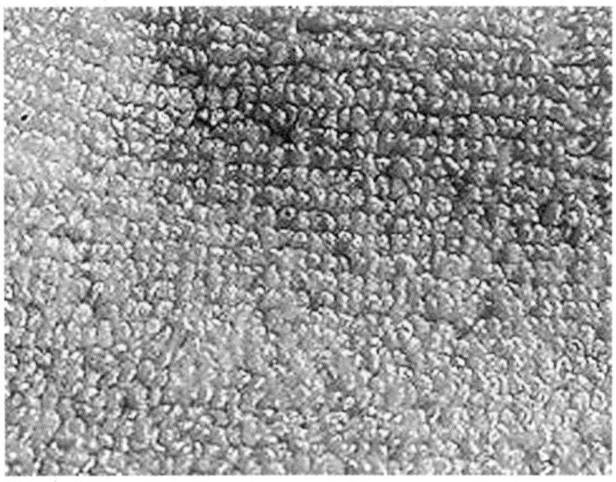

图 6-12 经编毛圈织物

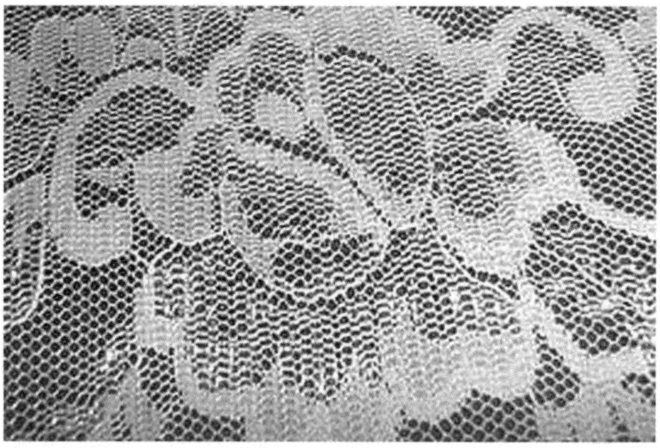

图 6-13 经编提花织物

七、经编提花织物

经编提花织物(图 6-13)是在经编针织机上织制的大花纹织物。花纹清晰,有立体感,花型多变,悬垂性好。主要用作妇女的外衣、内衣面料及裙料等。

本章小结

本章主要讲述了纬编针织面料的主要品种、特点及其在服装上的适用性,经编针织面料的主要品种、特点及其在服装上的适用性。

思考与练习

1. 与机织面料相比,针织面料有哪些特点?
2. 经编针织物与纬编针织物在性能上有什么区别?
3. 常用的纬编针织面料主要有哪些?它们在外观和性能上,各有什么特点?
4. 常用的经编针织面料主要有哪些?它们在外观和性能上,各有什么特点?

第七章

服装用毛皮与皮革

毛皮，又称“裘皮”或“皮草”，由皮板和毛被两部分组成。毛皮轻便柔软，坚实耐用，既可作面料，又可充当里料与絮料，特别是裘皮服装，在外观上保留了动物毛皮自然的花纹，而且通过挖、补、镶、拼等缝制工艺，可以形成多种外观风格。

经脱毛和鞣制等物理、化学加工所得到的不易腐烂的动物皮，再经修饰和整理而得到的产品，称为皮革。皮革经过染色处理后可以得到各种外观，主要用作服装与服饰面料。不同的原料皮，经过不同的加工方法，可得到不同的外观风格。皮革的条块经过编结、镶拼以及同其他纺织材料组合，既可获得较高的原料利用率，又具有运用灵活、花色多变的特点，深受消费者喜爱。

第一节 毛 皮

一、天然毛皮

天然毛皮是动物毛皮经过鞣制(浸水、洗涤、去肉、软化、浸酸)和染整(染色、退色、增白、剪绒和毛革加工)加工而成,又称"裘皮"或"皮草"。

(一) 毛皮的结构

天然毛皮由皮板和毛被组成。

皮板分为三层,即表皮层(上层)、真皮层(中层)和皮下组织(下层)。

所有生长在皮板上的毛总称为毛被。毛被由锋毛、针毛、绒毛按一定比例成簇有规律地排列而成。也有的毛被由一种或两种类型的毛组成。

锋毛也称箭毛、定向毛,锋毛粗、长、直,弹性好,数量最少,占毛被总量的0.5% ~1% 。

针毛又称刚毛、盖毛、粗毛、枪毛,较粗、较长、较直,弹性、颜色、光泽较好。针毛占总毛量的2% ~4% 。针毛有一定的弯曲,形成毛被的特殊花弯。针毛的质量、数量、分布状况决定了毛被的美观和耐磨性能,是影响毛被质量的重要因素。

绒毛是毛被中最细、最短、最柔软、数量最多的毛,占总毛量的95% 以上,有优良的保暖性。

(二) 天然毛皮的分类

1. 根据毛的长短和皮板的厚薄分类

大致可以分为四类:

(1) 小细毛皮类:主要包括紫貂皮、水貂皮、水獭皮、扫雪貂皮、黄鼬皮、艾虎皮、灰鼠皮、银鼠皮、密鼠皮、海狸皮等,毛被细短而柔软。适于做大衣等。

(2) 大细毛皮类:主要包括狐皮、貉子皮、狸子皮等。张幅较大,用于制作帽子、大衣等。

(3) 粗毛皮类:常用的有各种羊皮、狗皮、狼皮、豹皮、旱獭皮等。毛长且张幅稍大。用来做帽子、大衣、背心、衣里等。

(4) 杂毛皮类:包括猫皮、兔皮等,适合做服装配饰,价格较低。

2. 根据猎宰季节分类

分冬皮、秋皮、春皮和夏皮。

(1) 冬皮——由立冬到立春期间生长的毛皮,毛被成熟,针毛稠密、整齐,底绒丰厚、灵活,色泽光亮,皮板肥壮、细致,质量好。

(2) 秋皮——由立秋到立冬期间生长的毛皮。早秋皮针毛粗短,夏毛未脱尽,皮板硬厚。中晚秋皮针毛较短,短绒较厚,光泽较好,皮板较厚,质量较好。

(3) 春皮——由立春到立夏期间生长的毛皮。底绒欠灵活,干涩无光,皮板稍厚。

(4) 夏皮——由立夏到立秋期间生长的毛皮。无底绒或底绒较少,干枯无油性,皮板枯薄。

(三) 天然毛皮的常见品种

1. 紫貂皮

又称黑貂皮,是最名贵的毛皮面料之一。稀少而珍贵,毛细密、柔软,呈黑褐色或灰褐色。

紫貂皮首选以毛质柔软顺滑，富棕色光泽而带有如丝般黑长毛者为佳。极品的紫貂皮带有银色长毛，而且均匀分布在整件毛皮上。(图7-1)

2. 狐狸皮

主要品种有北极狐、赤狐、银黑狐、银狐(玄狐)、十字狐和沙狐皮等。北极狐又称蓝狐，有白色和浅蓝色两种色型。蓝狐皮毛被蓬松、稠密、柔软，底绒呈带蓝光的棕色，针毛呈蓝红到棕色，板质轻软，有韧性。蓝狐在欧洲、亚洲及北美接近北冰洋地带均有分布。赤狐即红狐，毛呈棕红色。美国产红狐狐毛稠密，有丝光感，在红狐皮中价值最高。亚洲北部的堪察加红狐皮最漂亮。银黑狐皮和蓝狐皮价值昂贵，银黑狐现已大量人工饲养。(图7-2)

图7-1 紫貂皮外套

3. 水貂皮

皮板紧密，强度高，针毛松散、光亮，绒毛细密，属小型珍贵细皮。有白色、咖啡色、棕色、珍珠米色、蓝宝石色和灰色等，颜色纯正，针毛齐全，色泽美观者价值最高。水貂现已大量人工养殖。(图7-3)

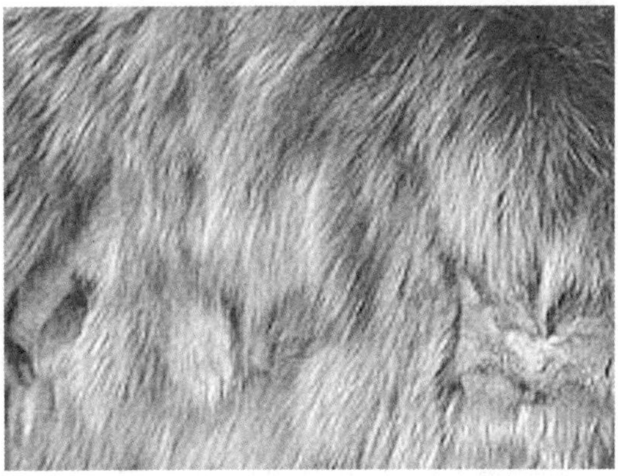

图7-2 狐狸皮

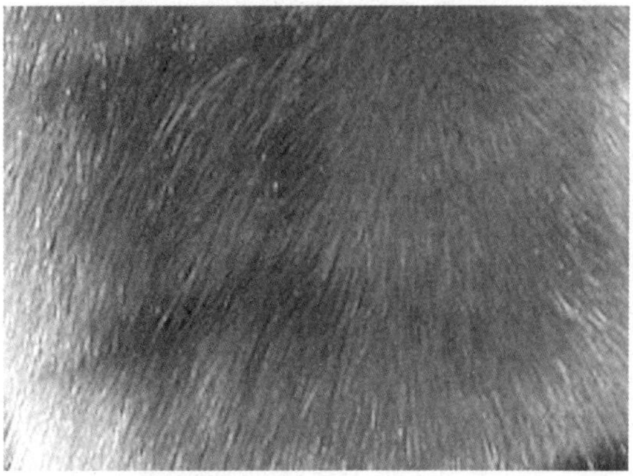

图7-3 水貂皮

4. 羊皮类

包括绵羊皮、小绵羊皮、山羊皮和小山羊皮。绵羊皮分粗毛绵羊皮、半细毛绵羊皮和细毛绵羊皮。粗毛绵羊皮毛粗直。细毛绵羊皮毛细密。小绵羊皮又称羔皮。山羊皮，皮板紧密，针毛粗长，绒毛稠密。小山羊皮又称猾子皮。(图7-4，图7-5)

图7-4 长毛山羊皮

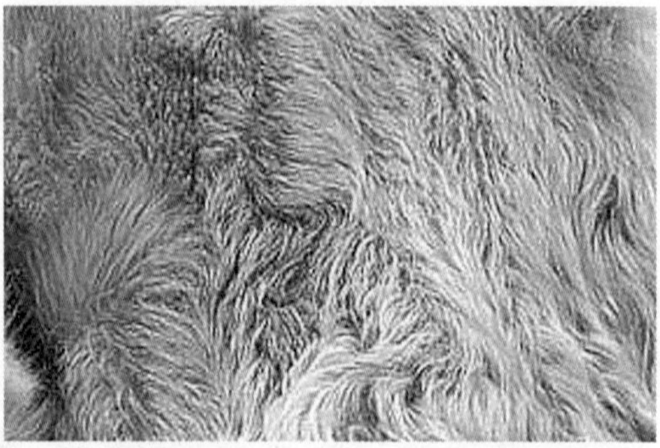

图7-5 羔羊皮

5. 黄鼠狼皮

皮板薄，毛绒短，呈均匀的黄色。可仿染紫貂色、水貂色。（图7-6）

6. 麝鼠皮

又称水老鼠皮、青根貂皮。毛被呈深褐色，底绒细密，针毛稀疏而光亮，制品保暖耐用。可拔去针毛、剪毛、染色，仿海豹皮。（图7-7）

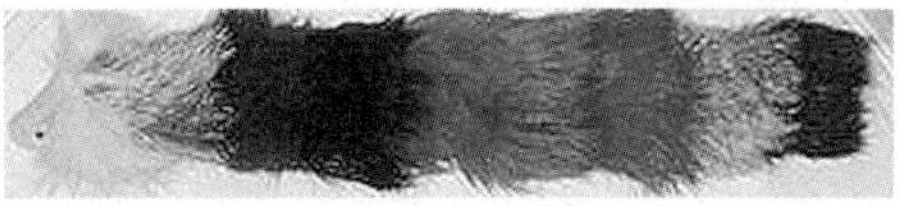

图7-6 染色黄鼠狼皮

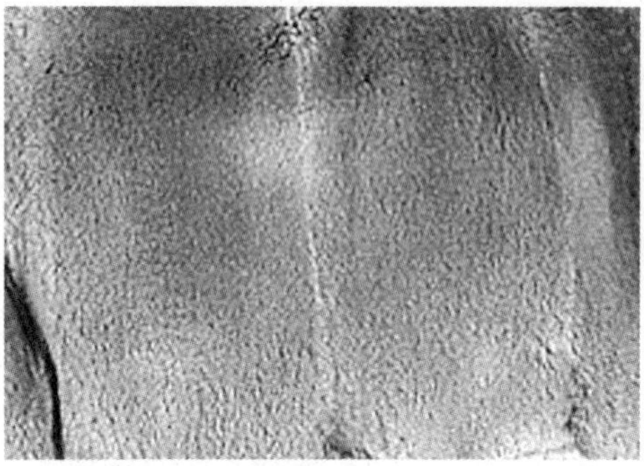

图7-7 麝鼠皮

7. 猞猁皮

毛绒厚，呈棕灰色，皮板软而厚，保暖性强，坚实耐用，价值极高。（图7-8）

8. 貉子皮

毛被长而蓬松，针毛尖端呈黑色，底绒丰厚，呈灰褐色或驼色。（图7-9）

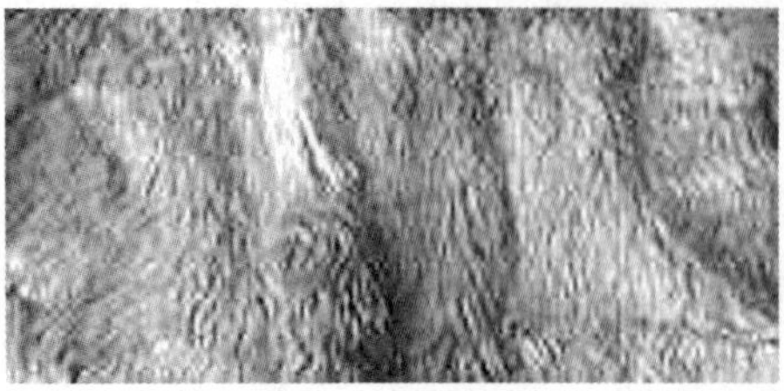

图7-8 猞猁皮

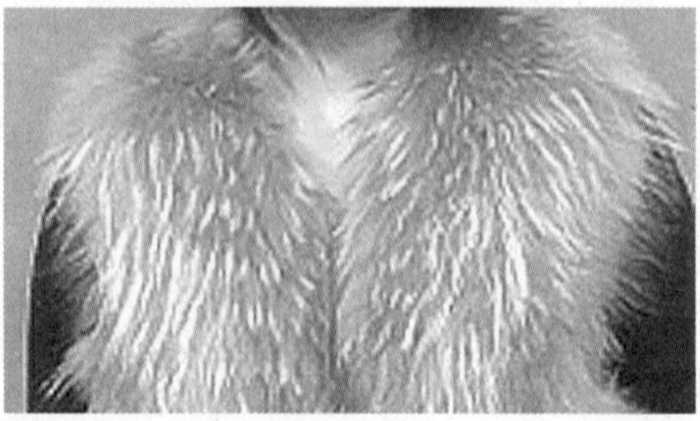

图7-9 貉子皮领子

二、人造毛皮

人造毛皮是用人工方法制成的仿毛皮。羊毛等天然纤维和腈纶等化学纤维都可用作仿毛被的原料。按加工方法可分为针织人造毛皮、机织人造毛皮和簇绒人造毛皮。

目前用作服装面料的多为纬编针织人造毛皮,一般采用纬编长毛绒组织织制。将纤维毛条与地组织纱线一起喂入织针进行编织,使纤维以绒毛状附着在织物表面,在织物反面形成毛绒外观。根据所喂入的纤维长短、粗细不同,在织物中可形成类似于天然毛皮的锋毛、针毛和绒毛等毛绒效果。通过喂入不同颜色的纤维和电脑选针提花,可形成酷似天然毛皮的花纹效果。在后整理中通过剪毛、轧光、烫花等工艺处理,使绒毛表面产生卷曲、凹凸等效果。(图7-10,图7-11)

图7-10 豹纹人造毛皮外套

图7-11 人造毛皮长外套

人造毛皮的特点是质量轻,手感光滑、柔软,保暖性好,仿真性强,色彩丰富,结实耐穿。以腈纶为原料的人造毛皮还具有不霉不蛀、耐晒、可以湿洗的优点,但容易产生静电,易沾污。

第二节 皮　　革

一、天然皮革

(一)天然皮革的分类

1. 按用途分

按用途分有鞋用革、服装手套革、箱包革、皮件用革、家具革及汽车座椅革、装具革、马具革、帽革及帽圈革、球革、乐器用革、文化用品革、工业用革等。

2. 按鞣制方法分

按鞣制方法分有铬鞣革、植物鞣革、铝鞣革、醛鞣革、油鞣革等。

3. 按原料皮的种类分

按原料皮的种类分有猪皮革、山羊皮革、马皮革、鳄鱼皮革、草鱼皮革等。

4. 按制革工业习惯分

按制革工业习惯分有轻革类和重革类。轻革类主要指张幅较小和质量较轻的革,销售成品革时以面积计算,如鞋面革、服装革、手套革等。重革主要指张幅较大和质量较重的革,成品革销售以质量计算,如鞋底革等。

(二) 服用皮革的主要品种及其性能特点

1. 主要品种

(1) 猪皮革

猪皮的粒面凹凸不平,毛孔粗大而深,明显三点组成一小撮,具有独特风格。猪皮的透气性比牛皮好,粒面层很厚。纤维组织紧密,作为鞋面革较耐折,不易断裂,作为鞋底革较耐磨,特别是绒面革和经过磨光处理的光面革是制鞋的主要原料。猪皮革厚而粗硬,弹性较差。(图 7-12)

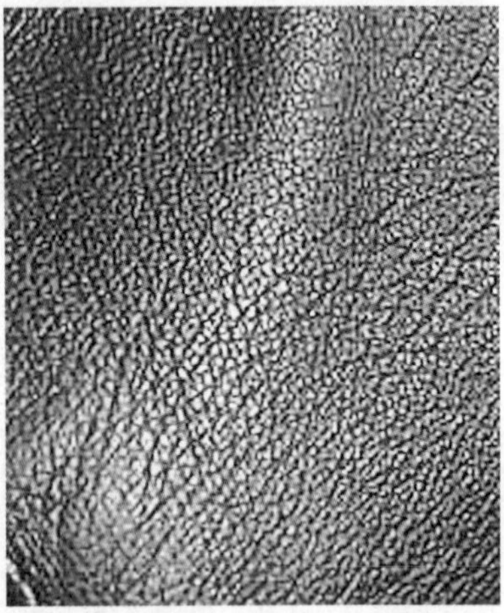

图 7-12　猪皮革

(2) 牛皮革

用于制鞋及服装的牛皮原料主要是黄牛皮。皮的各部位皮质差异大,背脊部的皮质最好。该处的真皮厚而均匀,毛孔细密,分布均匀,粒面平整,纤维束相互垂直交错或倾斜成菱形网状交错,坚实致密。黄牛皮耐磨、耐折。吸湿透气较好,粒面磨后光亮度较高,绒面革的绒面细密,是优良的服装材料(图 7-13,图 7-14)。牛皮革中还包括水牛皮和小牛皮。水牛皮厚度较黄牛皮厚,组织结构较松散,毛孔

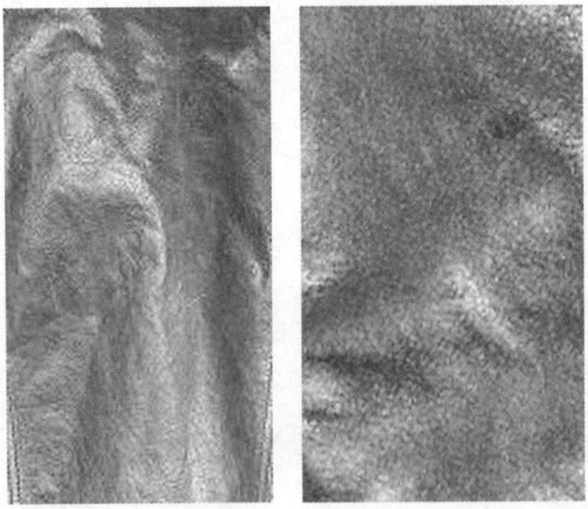

(a)　(b)

图 7-13　黄牛皮

图 7-14　黄牛皮夹克

粗大，粒面粗糙，成品不及黄牛革美观耐用（图7-15，图7-16）。小牛皮柔软、轻薄、粒面致密，是制作服装的上乘材料（图7-17，图7-18）。

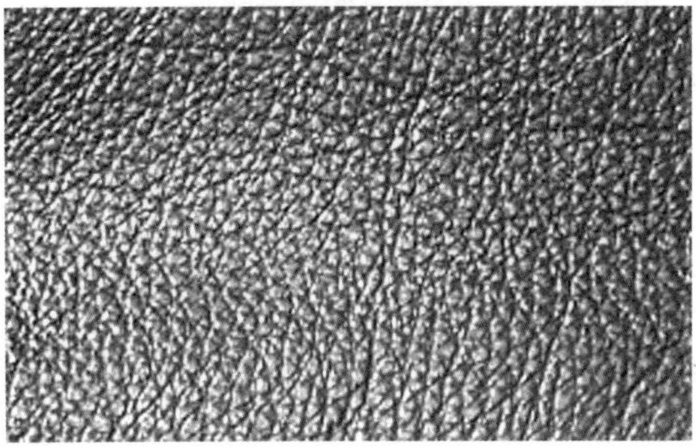

图7-15 水牛皮

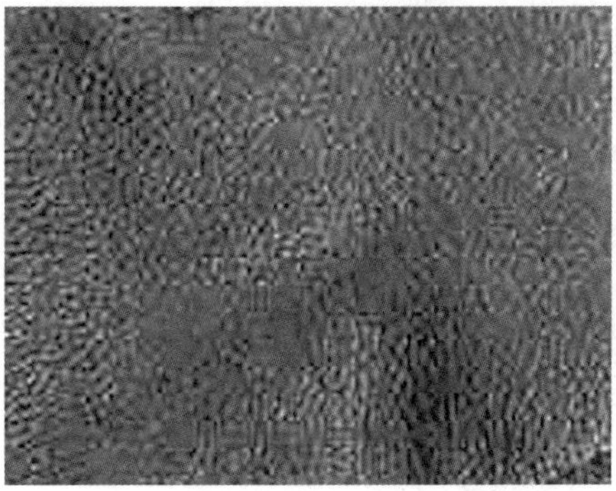

图7-17 小牛皮

图7-16 水牛皮夹克

图7-18 小牛皮短夹克

（3）羊皮革

羊皮革的原料皮可分为山羊皮和绵羊皮两种。山羊皮的皮身较薄，皮面略粗，成品革的粒面紧实，有高度光泽，透气性较好，坚牢、柔韧（图7-19，图7-20）。绵羊皮的表面较薄，成品革的粒面层较厚，透气性、延伸性较好，手感柔软，表面细致平滑，穿着比较轻便，但强度不如山羊皮（图7-21，图7-22）。

图 7-19　山羊皮

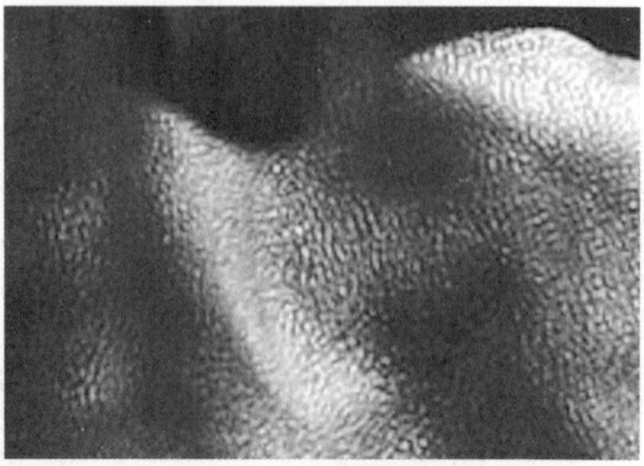

图 7-21　绵羊皮

图 7-20　山羊皮夹克

图 7-22　绵羊皮夹克

2. 性能特点

天然皮革的表面有一种特殊的粒面层,具有自然的粒纹和光泽,手感舒适。天然皮革具有下列性能:

(1) 强度较高,耐穿耐用;

(2) 有较好的弹性和可塑性,易于加工成型,在使用过程中不易变形;

(3) 易于保养,使用中能长久保持其天然外观;

(4) 热稳定性好,不易老化;

(5) 有良好的透气性、吸湿性,穿着卫生、舒适。

二、人造皮革

早期生产的人造皮革是用聚氯乙烯涂布于织物制成的，服用性能较差。目前在服装上用得较多的是聚氨酯合成革和人造麂皮。

聚氨酯合成革（PU 革）多以非织造布为底布，主要由用聚氨酯弹性体溶液浸渍的纤维质底基、中间增强层、微孔弹性聚氨酯面层三层组成。非织造布底基是按需要将各种纤维混合后，经过开松、梳棉、成网，再进行针刺，使纤维形成立体交叉，然后经过蒸汽收缩、烫平、浸胶、干燥等工序而制成。聚氨酯微孔弹性体与纤维之间呈点状粘附性连结，因而纤维具高度的移动性，使合成革的弹性和屈挠强度提高。中间增强层是一层薄的棉织物，用来将微孔层与纤维质底布隔开，可以提高材料的抗张强度，降低伸长率，掩盖底布表面的疵点。微孔性聚氨酯的面层厚度较小，通过压花可形成各种天然皮革的外观，有较好的耐水性和耐磨性，并决定了合成革的物理化学性能。（图 7-23）

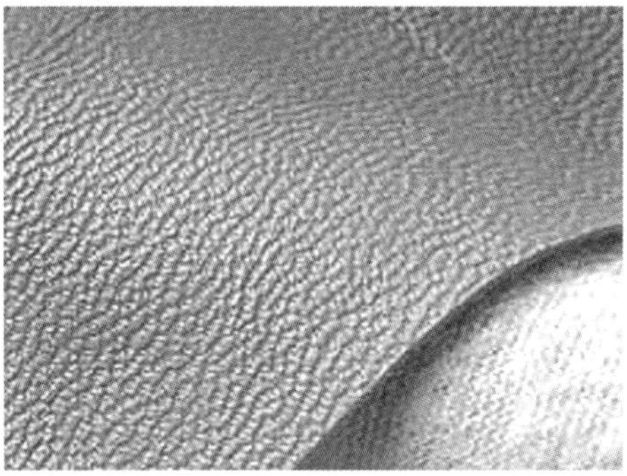

图 7-23 PU 革的正反面

人造麂皮以复合纤维（海岛型或菊花型超细纤维）织成底布后浸渍聚氨酯树脂，经磨绒后，再溶去复合纤维中的填充组分，再经起绒、后整理加工，形成表面有细密短绒的麂皮外观。人造麂皮手感好，并且有较好的透湿性和防风性。

本章小结

本章主要讲述了天然毛皮的概念、主要品种及其特点，人造毛皮的概念及特点，天然皮革的概念、主要品种及其特点，人造皮革的概念及特点。

思考与练习

1. 简述天然毛皮的主要品种及其特点。
2. 简述人造毛皮的优缺点。
3. 简述天然皮革的主要品种及其特点。
4. 简述人造皮革的优缺点。

第八章

服 装 辅 料

服装辅料是指除面料以外构成整件服装所需的其他辅助用料，包括里料、絮填料、衬料、垫料、线料、扣紧材料和商标/标志等。辅料的功能性、服用性、装饰性、耐用性、经济性等直接关系到服装的结构、工艺、质量与价格。

第一节　服装里料

服装里料是服装的里层材料，俗称夹里布。

一、里料的作用

里料的作用主要有：保护面料、装饰遮掩、方便穿脱、衬托和增加服装的保暖性。

二、里料的分类

（一）天然纤维里料

1. 棉织物里料

棉织物强度较好，吸湿性和透气性好，不易产生静电，穿着舒适，可以机洗和干洗，价格比较便宜。主要用于婴幼儿、儿童服装及中低档茄克等。缺点主要是不够滑爽，缩水率较大。

2. 真丝织物里料

作为里料应用的真丝织物主要有电力纺和真丝绫，织物光滑、轻薄而富有光泽，吸湿性和透气性优良，不易产生静电，但不坚牢，价格较高。主要用于丝、毛面料的高档服装。

（二）化学纤维里料

1. 粘胶纤维里料

作为里料应用的粘胶纤维织物主要有美丽绸。经纬纱全部采用粘胶长丝，织物组织采用三上一下斜纹组织，织物手感柔软滑爽，吸湿性和透气性好，绸面斜纹纹路清晰而富有光泽，但尺寸稳定性差，缩水率约5%，保型性差，不宜用来制作需要经常水洗的服装里料。

2. 醋酯纤维、铜氨纤维里料

用醋酯或铜氨人造丝织成的里子绸，比粘胶纤维里料丝绸感更强，弹性好，但也有湿强较低和缩水率大的缺点，不宜用来制作需要经常水洗的服装里料。

3. 涤纶纤维里料

作为里料应用的涤纶织物主要有涤丝纺、涤丝绫、涤纶缎。里料坚牢挺括，尺寸稳定，不皱不缩、穿脱滑爽、耐热耐光性好，但涤纶里料吸湿性差，易产生静电。

4. 锦纶纤维里料

作为里料应用的锦纶织物主要是尼丝纺。强力高、耐磨性好、不缩水、手感柔软滑爽，吸湿性虽优于涤纶，但仍然比较差，有静电问题。

5. 混纺与交织里料

（1）涤棉里料

涤棉里料采用涤/棉混纺纱或涤经棉纬交织而成，织物坚牢耐磨，吸湿性较纯涤纶里料好，但织物不够滑爽亮丽。

（2）粘棉交织里料

经纱采用粘胶长丝，纬纱用全棉纱交织而成，织物质地坚牢、手感厚实、色彩亮丽、吸湿性优良,但缩水率较大。

三、常见里料的品种与特性

(一) 羽纱

羽纱是用有光粘胶长丝作经纱,棉纱作纬纱,以三上一下的斜纹组织交织而成。正面光滑亮丽,反面比较暗淡。羽纱色彩丰富,质地坚牢、手感滑爽、吸湿透气性好,但比较厚实,易缩易皱。一般羽纱可用作中厚毛料服装的夹里布、裤腰里布等。

(二) 美丽绸

经纬纱全部采用粘胶长丝,织物组织采用三上一下斜纹组织。织物手感柔软滑爽,吸湿性和透气性好,绸面斜纹纹路清晰而富有光泽,但尺寸稳定性差,缩水率约5%。美丽绸常用作毛料服装里料,其品质稍优于羽纱。

(三) 尼丝纺

用无捻或弱捻的锦纶长丝为经纬纱的平纹组织织物。

尼丝纺质地坚牢、光滑耐磨、不缩水、易洗快干,具有轻、薄、软的特点,常用作各类男女上衣、西装的夹里、裤膝绸等。

尼丝纺经化学涂层处理后,具有耐久的防水性,保暖不透气,可作运动装、羽绒衫、茄克的面里料。

(四) 电力纺

电力纺是以无捻的桑蚕丝作经纬纱织成的平纹织物。电力纺平整、光滑、缜密、轻薄,吸湿性和透气性好,但弹性差、易皱,缩水率约5%。

电力纺常用作裤膝绸、丝绸时装里料等。

(五) 新羽缎

新羽缎是采用13.3 tex(120旦)有光醋酯长丝作经纬纱。缎纹组织,缎面光泽柔和,手感柔软光滑,缩水率小、吸湿透气、不易产生静电、不起毛起球,但不耐磨。

新羽缎可用作毛料服装、西服、时装等服装的里料,品质优于羽纱和美丽绸。

(六) 防羽绒布

防羽绒布是一种结构紧密的纯棉平纹布,用14.5 tex(40英支)棉纱,经纬密度约在530×400(根/10 cm)左右,坯布经树脂整理和防水处理,使织物的交织空隙充填,起到防羽绒、防风和防水等效果。

防羽绒布质地坚牢,布面光洁、匀整,适于用作羽绒、中空棉服装的内胆或面料,缩水率约4%。

四、服装里料的选配

在选配里料时要考虑以下几个方面。

(一) 里料的色彩

里料的色彩应与面料的色彩相谐调。一般来讲,里料颜色应与面料相近或略浅于面料,以防止面料沾色,并要注意里料本身的色差与色牢度。特殊设计时也可以采用对比色。

(二) 里料的服用性能与加工性能

里料的缩水率、耐热性能、耐洗涤性能、强度、厚薄等应与面料相匹配。对于缩水率过大的里料应进行预缩处理,在缝制时应留有适量的缩缝。里料的耐热性与服装湿热加工有关,需经常熨烫的服装应选择耐热性较好的里料,以免熨烫时损坏里料;里料的抗静电性能要好,高档服装里料要作防静电处理;里料的耐洗性能应与面料相配。

(三) 里料的吸湿透气性

里料应尽可能选择吸湿透气性好的织物,以减少穿着后静电的产生,有利于改善服装舒适性。

(四) 里料的价格

里料的价格一般不超过面料的价格。

第二节　服装衬料

衬料,又称衬布,是介于服装面料和里料之间的材料。

一、衬料的作用

(1) 对服装起造型、定型和保型作用。在服装的某些部位,如服装前襟、袋口、领口等部位,使用衬料可使服装挺括、合体,并能保持造型稳定;

(2) 增强服装的挺括性、弹性,改善服装立体造型。例如西服的胸衬,可使西服胸部造型平挺、饱满;

(3) 提高服装的耐用性。例如,袖笼部分应用牵条衬后,可以避免袖笼部分的过度伸长,提高了服装的耐用性;

(4) 提高服装的保暖性。例如用于睡袍的衬,主要的作用就是增加保暖性;

(5) 改善服装的加工性。真丝面料、薄型针织面料等在缝制过程中,容易滑动或变形,不易握持,用衬后可以改善缝制加工性能。

衬料的种类很多,有传统的布衬、麻衬、毛衬、非织造布和树脂衬,也有近年迅速发展起来的各类新型粘合衬料。由于衬料的种类繁多,功能多样,因此选择与使用各类粘合衬料已成为服装技术人员的一项重要任务。

二、衬料的分类

衬料的种类很多,分类的方法也有多种。

(一) 按基布的种类及加工方式分

分为8类,见表8-1。

表 8-1 衬料分类表

服装衬布
- 1. 棉、麻衬
  - 麻衬——分纯麻衬与混纺麻布衬
  - 棉衬——分软衬（未上浆）与硬衬（上浆）
- 2. 马尾衬
  - 普通马尾衬——分树脂整理与未树脂整理
  - 包芯纱马尾衬
- 3. 黑炭衬
  - 硬挺型——分上浆衬与树脂整理衬
  - 薄软型——分树脂整理与低甲醛树脂整理
  - 夹织布型——分包芯马尾夹织与粘纤夹织
  - 类炭衬——分白色与黑色
- 4. 树脂衬
  - 麻织衬——分全麻树脂衬与混纺树脂衬
  - 纯棉衬——分漂白与半漂白
  - 化纤混纺衬——分漂白与半漂白
  - 纯化纤衬
- 5. 粘合衬
  - 非织造粘合衬
  - 机织粘合衬
  - 针织粘合衬
  - 多段粘合衬
  - 黑炭粘合衬
  - 双面粘合衬
- 6. 腰衬
  - 裁剪型衬——分树脂型与粘合型
  - 防滑编织衬
- 7. 领带衬
  - 裁剪型衬——分树脂型与粘合型
  - 防滑编织衬
- 8. 非织造衬
  - 一般非织造衬
  - 水溶性非织造衬

（二）按服饰品种分

衬料可分为 9 类：

（1）外衣用衬；

（2）衬衫用衬；

（3）裘皮服装用衬；

（4）丝绸服装用衬；

（5）针织服装用衬；

（6）裙、裤用衬；

（7）领带用衬；

（8）鞋、帽用衬；

（9）其他服饰用衬。

（三）按应用衬料的工艺分

分非粘合衬料和粘合衬料两大类。

三、非粘合衬料的主要品种

(一) 棉衬、麻衬

棉衬分软衬和硬衬两种,采用中低支棉纱织成本白棉布,不加浆或加浆剂制成。麻衬用麻平纹布或麻混纺平纹布制成,有较好的硬挺度。

棉衬与麻衬均为传统衬料,过去主要用于西装、大衣、制服等类服装的前身、门襟等。由于棉衬和麻衬缩水率大,易起皱且厚重,目前已较少使用。

(二) 毛衬

1. 毛衬的分类

一般毛衬按底布材质和底布重量分类,此外,也可以按成型分类。

(1) 按底布的纤维材质分类,分类方法见表8-2。

表8-2 毛衬按底布材质分类

类 别	底布材质
黑炭衬	经纱为棉纱,纬纱为毛或毛混纺纱
类炭衬	经纱用棉纱,纬纱为化纤长丝或混纺纱
夹织衬	经纱用棉纱,纬纱用包芯马尾纱夹织
纯棉马尾衬	经纱用棉纱,纬纱为马尾纱
涤棉马尾衬	经纱用涤/棉混纺纱,纬纱用马尾纱
包芯马尾衬	经纱用棉纱,纬纱用包芯马尾纱

(2) 按底布重量分,分类方法见表8-3。

表8-3 毛衬按底布重量分类

类 别	底布重量 (g/m^2)
超薄型	155 以下
轻薄型	156~195
中厚型	196~230
超厚型	230 以上

(3) 按毛衬的成型可分为半胸衬、全胸衬、肩衬、袖窿衬。

2. 毛衬的应用

黑炭衬是用棉纱或棉混纺纱线作经纱,以牦牛毛、山羊毛、人发等粗毛混纺纱做纬纱,以平纹组织织制的交织物,再经烧毛、定型、柔软或硬挺整理等加工而成。黑炭衬的优点是硬挺、纬向有优良的弹性。根据黑炭衬的基布及后整理工艺不同,黑炭衬有厚、薄、软、硬之分。

黑炭衬多用于毛料服装为主,例如男女西服、套装、制服、大衣、礼服等。在服装中,黑炭衬一般常用于服装的前身、胸部、肩部、驳头等部位,使服装造型丰满、合体、挺括。

马尾衬是用棉纱或棉混纺纱作经纱,马尾鬃毛作纬纱制织的交织物,再经定型和树脂硬挺整理加工而成。马尾衬刚度好,弹性好,常用于西服的盖肩衬和女装的奶胸衬,价格较贵。

(三) 树脂衬

树脂衬是由纯棉、棉混纺或化纤的平纹布,经漂白或染色整理后浸轧树脂而成。

树脂衬主要用于衬衫、外衣、大衣、风衣、西裤等服装的前身、衣领、门襟、袖口、裤腰等。

应根据服装面料特性、使用部位及服用要求来选配树脂衬。比如衬衫领衬应选用硬挺型、尺寸稳定性好且经漂白处理的纯棉或涤棉树脂衬，而衬衫袖口可选用手感稍软的树脂衬，薄型毛料上衣前身应选软薄型纯棉树脂衬，腰衬可选用硬挺型涤棉或纯涤纶树脂衬。

（四）非织造布衬

非织造布用作衬料与传统的棉衬、麻衬、毛衬、树脂衬等相比有重量轻、裁剪后切口不脱散、缩率小、价格低等优点，但非织造布不耐搓洗，抗拉强度低，硬挺性不如机织底布的衬料。

四、粘合衬料

粘合衬料的出现与应用简化了服装的缝制工艺，提高了缝制水平，使服装获得轻盈、挺括、舒适、保型等多方面的效果，大大提高了服装的外观质量和内在品质。

（一）粘合衬料的分类

粘合衬料的分类的方法有多种，一般可按底布种类、热熔胶类别及其涂层方法和用途分类。

1. 按底布种类分类

有机织粘合衬料、针织粘合衬料和非织造布粘合衬料。

2. 按热熔胶类别分类

有聚酰胺（PA）粘合衬料、聚乙烯（PE）粘合衬料、聚酯（PES）粘合衬料和乙烯—醋酸乙烯（EVA）及改性（EVAL）粘合衬料。

3. 按热熔胶涂层方式分类

有粉点粘合衬料、浆点粘合衬料、双点粘合衬料和撒粉粘合衬料。

4. 按粘合衬料用途分类

有衬衫粘合衬料、外衣粘合衬料、丝绸粘合衬料和裘皮粘合衬料。

（二）粘合衬的基本性能

粘合衬料是以机织物、针织物、非织造布为底布，以一定方式涂热熔胶而制成，因此粘合衬料的基本性能主要取决于底布、热熔胶和涂层方式。

1. 底布

底布是粘合衬的基础材料，故又称基布。服装用粘合衬料的底布有三大类：针织物、机织物和非织造布。

（1）机织物底布

机织物底布一般以纯棉织物为主，也有用涤/棉混纺织物、粘胶混纺织物、毛麻衬料及黑炭衬料等作为粘合衬底布。机织底布的特点是尺寸稳定性好，经硬挺整理的底布挺括而有弹性，不皱不缩；经柔软整理的底布，手感柔软，悬垂性好。

（2）针织物底布

针织底布分经编和纬编两类。

经编底布以衬纬经编织物为主，有较好的尺寸稳定性，有优良的悬垂性和柔软的手感。衬纬经编底布大多为薄型织物，重量 70～100 g/m^2。衬纬经编衬料纵向悬垂性好，横向弹性好，重量轻，手感柔软，所以多用作外衣前身衬。

纬编底布由锦纶长丝织成，织物手感柔软，弹性好。纬编衬料多用于针织服装或轻薄型面料加工的服装。

（3）非织造布底布

非织造布底布品种多样，按其重量可分为薄型（18～30 g/m^2）、中厚型（30～50 g/m^2）、厚型（50～80 g/m^2）；按非织造布中纤维排列形态可分为定向和非定向两种；按纤维网加固方式分为化学粘合法、针刺法、热轧法、缝编法。化学粘合法非织造布手感较硬，不耐水洗；针刺法和热轧法非织造布手感柔软，强度低，不耐洗；缝编法纵向强度高，手感柔软，尺寸稳定性好。非织造布重量轻，弹性好，裁剪缝纫简便，透气性好，价格低廉，但多数不耐洗。

2. 热熔胶

热熔胶性能主要包括两个方面：一是热性能，即熔融温度和粘度（以熔融指数来表征），这决定粘合衬的压烫条件；二是粘合牢度和耐洗性能，即耐水洗和干洗的性能。常用的热熔胶有四大类，其主要应用性能见表8-4。

表8-4　常用热熔胶的主要应用性能

热熔胶名称	热性能		耐洗性能		抗老化性能	用　途
	熔融温度（℃）	熔融指数（g/10 min）	耐水洗	耐干洗		
高密度聚乙烯（HDPE）	128～135	8～20	优	可	良	永久粘合
低密度聚乙烯（LDPE）	90～110	70～200	可	差	良	暂时粘合
外衣用聚酰胺（PA）	110～135	18～20	可	优	优	永久粘合
皮革用聚酰胺（PA）	78～90	68～90	差	优	优	永久粘合
聚酯（PET）	108～130	18～30	良	良	良	永久粘合
乙烯—醋酸乙烯（EVA）	70～90	70～150	差	差	良	暂时粘合
皂化乙烯—醋酸乙烯（EVAL）	100～120	60～80	良	可	良	永久粘合

（1）聚酰胺（PA）

聚酰胺热熔胶有较强的粘结力和较好的耐干洗性能，手感柔软，弹性好，耐水洗性能稍差。采用不同配比的聚酰胺可提高它的耐水洗性，但粘合温度要提高。

聚酰胺多用于耐干洗的外衣粘合衬上，粘合牢度高，手感柔软、弹性好。

（2）聚乙烯（PE）

聚乙烯有高密度聚乙烯（HDPE）和低密度聚乙烯（LDPE）之分。高密度聚乙烯有很好的耐水洗性能，粘合牢度高，手感硬挺、弹性好，但不耐干洗，粘合温度较高，常用于衬衫粘合衬等。

低密度聚乙烯耐干洗和耐水洗性能较差，但它有较低的粘合温度，常用于各类不耐热服装如皮革、裘皮服装的粘合衬。

（3）聚酯（PET）

聚酯是二元酸和二元醇共聚而成，有较好的耐水洗和耐干洗性能，粘合牢度高，手感柔软，弹性好，对涤纶纤维面料的粘合力特强，常用于外衣衬、衬衫衬及丝绸衬料中。

（4）乙烯—醋酸乙烯（EVA）

乙烯—醋酸乙烯热熔胶具有熔点低的特点，但耐水洗和干洗性能差，适用于毛皮服装及暂时性粘合用。

经改性后的乙烯—醋酸乙烯热熔胶（EVAL），粘合力、耐洗性能有所提高，也可用于外衣衬、衬衫衬等。

3. 热熔胶涂布方式

常见的热熔胶涂布方式有下列四种。

（1）撒粉法

撒粉法是将热熔胶粉剂通过振动刷（筛）均匀地撒在底布上，然后通过加温焙烘，使热熔胶熔融粘结于底布上成为粘合衬料。由于撒粉法易产生胶粒大小及分布上的不匀，因此撒粉法粘合衬的剥离强度不匀率高，易产生渗料，只适用于低档衬料的生产。

（2）粉点法

粉点法是通过雕刻辊上的坑眼将热熔胶粉剂压印到底布上。粉点大小一致，分布均匀，并且粉点的大小、密度可根据用胶量多少来设计布置。粉点法粘合衬料粘合效果好，产品规格品种多，应用最广。

（3）浆点法

浆点法是先将热熔胶调制成浆液，然后通过圆网和刮刀将浆点涂布到底布上，经焙烘熔结于底布上而成。浆点粘合衬胶点分布均匀，粘合效果好，适于各类底布，产品档次高。

（4）双点法

双点法是根据底布和面料不同的粘合性能而设计的，它采用两种不同粘合性能的热熔胶重叠涂布于底布上。胶点下层与底布粘结，上层与面料粘合，以适应不同性质的面料，使其获得最佳粘合效果。

双点法常见的有双粉点法、双浆点法、浆点撒粉法。双点法粘合衬生产难度大，粘合质量好，是较高档的粘合衬料。

3. 粘合衬料的选配

正确选择粘合衬应考虑以下几个方面：

（1）根据不同服装类型对衬料的要求选

以水洗为主的机织面料服装，可选用聚酯或聚乙烯类非织造布粘合衬料。

以干洗为主的服装，如毛料西服、大衣、套装等，一般应选择质量较好的聚酰胺类粘合衬料。

丝绸类服装手感滑爽，悬垂性好，轻盈飘逸，一般可选配轻薄的非织造布或针织底布粘合衬料。

针织服装弹性伸长率大，手感柔软，一般应选用针织纬编底布或非织造布粘合衬料。

裘皮、皮革类服装不宜高温压烫，应选低熔点的聚酰胺和低密度聚乙烯或乙烯—醋酸乙烯低熔点粘合衬料。

（2）根据服装不同部位对衬料的要求选

前身衣片要求造型饱满挺括，尺寸稳定，手感柔软而有弹性，悬垂性好，一般应选配机织或衬纬经编底布粘合衬料。

领衬要求硬挺而有弹性，一般应选配经树脂硬挺整理的平纹机织底布粘合衬料；男衬衫领衬应选耐水洗的聚乙烯类粘合衬料；干洗类衬衫应选聚酰胺类粘合衬料。

服装的底边、袖口、脚口等应选轻薄的非织造衬；用作补强的牵带应选薄型机织布粘合衬料。

(3) 根据服装面料的不同特性选

厚的面料应配胶点分布稀、大、用胶多的厚型粘合衬料，薄的面料配胶点分布细、密的薄型粘合衬料，粘合衬应比面料轻薄些。

悬垂性好的面料应选弹性好、定量轻的非织造布粘合衬。

不耐热的面料应选粘合温度低的粘合衬。

弹性面料应选择针织粘合衬料。

涤纶面料可选聚酯类粘合衬料。

(4) 根据服装的价格档次来选

高档服装应选用高档粘合衬料。

使用寿命长的服装应选用耐用性好的粘合衬料。

穿着周期短、用衬部位小可选价廉的非织造布粘合衬料。

第三节　絮填料和垫料

一、絮填料

防寒服装的面里料之间的充填材料称为絮填料。传统的絮填料有棉花、羊毛、羽绒等。随着科技进步，现在的保暖材料越来越丰富，如纯棉絮片、热熔絮片、喷胶棉絮片、针刺棉絮片、复合絮片、太空棉等等。

常用絮填材料的种类很多，按材料性质大致可分为：

(一) 纤维絮填料

1. 棉花

棉花是传统的保暖絮填料，保暖性好、穿着舒适、价格低廉。但棉花受压受潮后弹性和保暖性都显著降低，不能水洗。

2. 动物绒毛

羊毛和骆驼毛是高档的絮填料，吸湿性好，环境较干燥时的保暖性好、穿着舒适，但在潮湿环境中保暖性明显下降。

3. 丝绵

由桑蚕丝茧缫出的生丝作为絮片状絮料，光滑柔软，质量轻，吸湿性好，保暖性好，穿着舒适。但价格高，并且长时间穿着易板结。

4. 合纤絮料

主要有腈纶和中空涤纶絮料。腈纶纤维有合成羊毛之称，弹性好，轻而保暖；中空涤纶弹性好、手感滑爽、保暖性优良。

（二）天然毛皮、羽绒

1. 天然毛皮

环境较干燥时，因毛绒间保持了大量静止空气，所以毛皮的保暖性很好。毛皮手感轻柔滑爽，穿着舒适。但毛皮缝制复杂，价格昂贵。

2. 羽绒

羽绒主要是鸭绒和鹅绒。羽绒轻而蓬松，导热系数很小，而且压缩弹性好，保暖性好且持久，是十分优良的防寒保暖絮料。羽绒的品质以其含绒率的高低来衡量。含绒率越高，保暖性越好，价格越贵。羽绒的充填较繁复，面料和里料需用防绒布，以防羽绒外钻。另外，羽绒制品要注意其卫生指标，防止细菌超标。

（三）絮片

合成纤维絮料多见于絮片状，由非织造布工艺加工而成。絮片蓬松柔软，富有弹性，厚薄均匀，裁剪简便，耐水洗，易洗快干，保暖性受环境湿度的影响小，是优良的絮填料。价廉物美，被广泛用于各类保暖服装。

常见的絮片可分为5类：

（1）热熔絮片

热熔絮片全称是热熔粘合涤纶絮片，是以涤纶纤维为主，混入一定比例的低熔点纤维，采用热熔粘合工艺加工而成。此类絮片蓬松度好、透气性好、保暖性强、价格便宜。

（2）喷胶棉絮片

喷胶棉絮片以涤纶纤维为主，纤维经梳理成网后喷洒上粘合剂，再经热压处理后粘结成絮片。此类絮片蓬松度好，价格便宜、透气性好、保暖性强，但强度低。

（3）金属涂膜复合絮片

金属涂膜复合絮片是以纤维絮片、金属涂膜为原料，经针刺复合加工而成，通常又称金属棉、太空棉。金属棉拉伸强度好、保暖性强，但透气透湿性差，弹性伸长性差，不耐洗，服用舒适感较差。

（4）毛型复合絮片

毛型复合絮片是以羊毛或毛与其他纤维混合材料为絮层原料，以单层或多层薄型材料为复合基，经针刺复合加工而成。毛型复合絮片充分利用各类纤维特性，提高了保暖性，改善了服用性，是较为理想的保暖絮片，但价格较贵。

（5）远红外棉复合絮片

远红外涤纶或丙纶复合絮片是最新开发的多功能高科技产品。该产品除了具有毛型复合絮片的特点外，还利用远红外纤维吸收和发出的远红外波对人体起到保健作用，是很有前景的新型保暖材料。

二、垫料

使用垫料是为了弥补人体某些部位的不足，使服装穿着更合体、美观、舒适。服装上使用垫料的部位较多，但主要的有胸垫、肩垫等。

（一）胸垫

胸垫又称胸绒、胸衬。主要用于西服、大衣等类服装的前胸，使服装胸部造型丰满，立体感强，挺括而又有弹性，造型美观，保型性好。传统的胸垫采用棉麻毛织品，用手工加工而成，胸垫厚、重、硬、弹性差，易皱、易缩、易变形。随着非织布制造技术的迅速发展，非织造布胸垫问世。近年来，又开发了复合胸垫。

常用的胸垫分类如表 8-5 所示。

表 8-5　常用的胸垫分类

胸垫	机织物胸垫	毛麻胸垫
		棉毛胸垫
		黑炭衬胸垫
	非织造布胸垫	纯涤纶针刺胸垫
		涤粘针刺胸垫
		毛涤针刺胸垫
		涤棉针刺胸垫
	复合胸垫	

非织造布胸垫规格一般为 100～160 g/m^2，颜色有白、灰、蓝、黑等。

复合胸垫又称组合衬，它由针刺胸垫（绒）覆上黑炭衬再加上盖肩衬组合而成，是西装、大衣的常用胸垫。

胸垫的选择应根据服装款式、面料厚薄及面料的特性来选配。

（二）垫肩

垫肩俗称攀丁，用于肩部的衬垫。

1. 垫肩的种类

垫肩按材质、制作工艺及特性大致可分为三大类：

（1）针刺垫肩

针刺垫肩是以棉絮或涤纶絮片、复合絮片为主，辅以黑炭衬或其他硬挺衬料，用针刺方法将絮片与衬料复合加固而成。针刺垫肩厚实而有弹性，耐洗耐压烫、尺寸稳定、经久耐用。适用于西服、制服、大衣等。

（2）定型垫肩

定型垫肩是采用 EVA 粉末，将针刺棉、海绵、涤纶喷胶棉等材料通过加热复合定型而成。定型垫肩质轻而富有弹性、耐洗性能好、尺寸稳定、造型优美、规格品种多样。适用于插肩袖服装、时装、茄克、风衣等。

（3）海绵垫肩

海绵垫肩由泡沫塑料切削成一定形状而制成，也可在外面包上包布，成为海绵包布垫肩。海绵垫肩质量轻，价格低，但弹性较差，保型性较差。多用于女衬衫、时装、羊毛衫等。

2. 垫肩的选用

垫肩应根据服装的款式特点和服用性能要求来选用。平肩服装应选用齐头垫肩；插肩一般选用圆头垫肩；厚重的面料应选用尺寸较大的垫肩，轻薄面料应选用尺寸较小的垫肩；西服大衣应选用针刺垫肩，使之耐洗耐压烫；时装、插肩袖服装、风衣应选用造型丰满、富有弹性的定型垫肩；衬衫、针织服装可选用轻巧简便价廉的海绵垫肩。

第四节 扣紧材料

服装的扣紧材料主要有纽扣、拉链、钩环、搭扣和绳带等。扣紧材料不但具有功能性，也有装饰性，可以作为服装设计的设计点，选择恰当，可以既满足功能性，又增加服装的美感，从而提高服装的品质。

一、纽扣

纽扣除了扣紧功能之外，还有装饰功能。纽扣以特有的色彩、材质、造型及在服装上的位置，成为服装设计中的一个重要的设计点。

(一) 纽扣的种类与特点

纽扣的种类繁多，根据纽扣的材质大致可分为合成材料纽扣、天然材料纽扣、金属纽扣和组合纽扣四类。

1. 合成材料纽扣

合成材料纽扣是目前世界纽扣市场上品种最多、用量最大、最为流行的一类。特点是色泽鲜艳、造型丰富、品种多样、价廉物美。但耐高温性较差。

常见的合成材料纽扣有：

(1) 树脂扣

树脂扣由不饱和聚酯树脂为原料加颜料制成板材或棒材，经切削加工及磨光而成。它耐热性较好，能耐100℃的热水处理1小时左右，成衣整烫时，可不必将纽扣拆下；耐化学品性能好；花样多，色泽鲜艳，可仿各种各样的贝壳、各种木材、动物骨、大理石、玛瑙、象牙等的纹理；而且价格低廉，使用量最多。(图8-1)

图8-1 树脂扣

图8-2 塑料扣

(2) 塑料扣

塑料扣多用聚苯乙烯注塑而成，可以制成各种形状和颜色，但是较脆且不耐高温，不耐有机溶剂。因其价格便宜和颜色多样，故多用于低档女装和童装。(图8-2)

(3) 电玉扣

又称尿醛树脂扣、胶木扣，使用历史较长，耐热性好、硬度高、耐有机溶液性好，但色彩单调。

是低档服装的主要用扣。（图8-3）

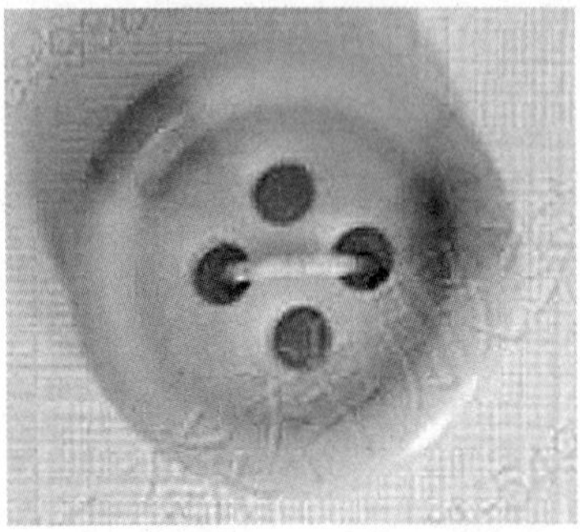

图8-3　电玉扣

图8-4　尼龙扣

（4）尼龙扣

尼龙扣由聚酰胺类热塑性工程塑料注塑而成。纽扣韧性好，强度高，表面光亮，耐有机溶剂性能好，染色性好，价格适中。是女性时装纽扣的重要品种。（图8-4）

（5）仿皮纽扣

仿皮纽扣是将丙烯酸酯—丁二烯—苯乙烯共聚塑料（ABS塑料）注塑成扣坯，表面涂仿皮涂料而制成。皮纹表面富有皮质感，色彩丰富，价格便宜，但耐洗性、耐热性和耐磨性均较差。（图8-5）

图8-5　仿皮纽扣

图8-6　有机玻璃扣

（6）有机玻璃扣

有机玻璃扣由聚甲醛丙烯酸加入珠光颜料制成棒材或板材，经切削加工而成。它色泽艳丽，有珍珠般光泽，极富装饰性，但耐热性、耐化学试剂性、耐磨性较差。逐渐被树脂扣所取代。（图8-6）

2. 天然材料纽扣

天然材料纽扣种类很多，常见的有贝壳扣、木质扣、布质扣、陶瓷扣、宝石扣等。

贝壳扣由贝壳制成，光泽晶莹，手感滑爽，耐热性好，质地坚硬、质感高雅，耐洗涤，但价格较

高。主要用于高档衬衫、T 恤、丝绸服装等。(图 8-7)

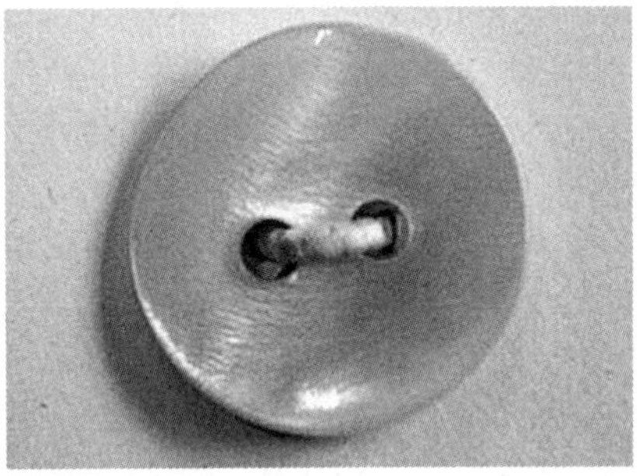

图 8-7 贝壳扣

图 8-8 木质扣

木质扣由木材、毛竹、椰壳等木质材料切削加工而成。木质扣纯朴、自然、纹理独特、手感舒适,耐热耐洗性较好。木质扣适用于各类休闲风格的服装。(图 8-8)

布质扣主要是中式盘扣。中式盘扣为我国传统纽扣,由布绳盘结而成,形态多样,如琵琶纽、桃子纽、玫瑰纽等。一般都需手工制作,造型优美,做工精巧。是体现中国民族服装风格的重要元素。(图 8-9)

图 8-9 中式盘扣

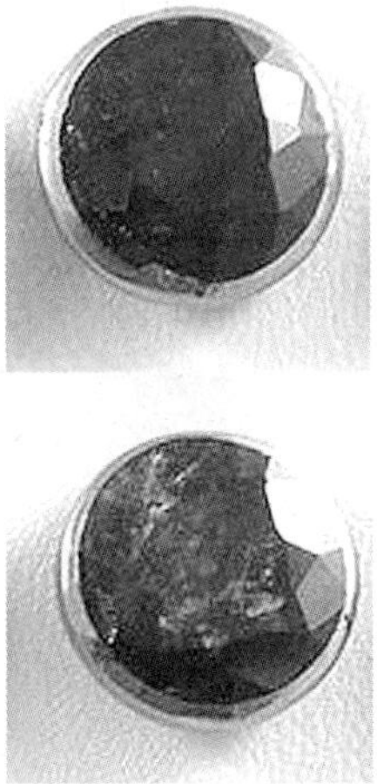

图 8-10 蓝宝石扣

宝石扣指由宝石或人造水晶、人造宝石制成的纽扣。宝石扣色泽晶莹透亮,造型别致,装饰性强,有高档华丽之感。(图 8-10)

陶瓷扣由陶瓷材料制作,色彩鲜艳、硬度高、光滑耐磨、耐热耐洗,但价格较高。

3. 组合纽扣

组合纽扣由两种以上不同材料复合制成,常见的有 ABS—尼龙件组合、树脂—ABS 组合、ABS—电镀树脂组合、ABS—电镀金属件组合等。组合纽扣层次丰富、立体感强、功能全面、造型多样,富有装饰性,适用于各类时装、制服等。(图 8-11)

图 8-11　组合纽扣

图 8-12　金属纽扣

4. 金属纽扣

金属扣由铜、铝、铁、镍等金属材料制成，常见的有按扣、四合扣、裤扣、调节扣等，金属扣件耐高温，抗腐蚀，造型别致，立体感强，装钉方便，用途多样，价廉物美。（图 8-12）

四件扣（图 8-13）与四合扣（图 8-14）均由面扣、母扣、子扣和底扣组成。有铁质和铜质两种，由模具冲压成形，经抛光、镀层、喷塑、氧化、涂漆等处理而成。扣面图案多样、立体感强、色彩丰富，大多使用于较厚面料的服装上，如茄克、工作服、牛仔服、滑雪衫、皮装等，也有用于薄料服装。

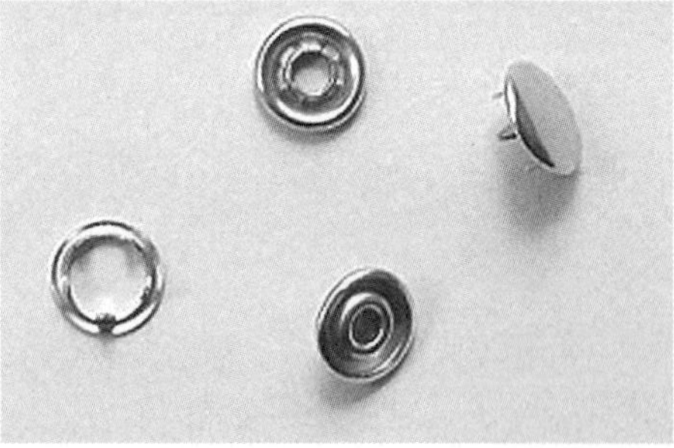

图 8-13　四件扣

图 8-14　四合扣

裤扣有二件扣和四件扣两种，二件扣需要用线缝钉，四件扣为暗式铆合，牢固可靠、美观平整。

调节扣由金属材料冲压或弯曲成形，形态多样，可用于调节衣裤绳带松紧长短，或用作装饰，常用于牛仔背带裤、茄克、童装等。

工字扣又称牛仔扣，由面扣和铆钉组成，常用于牛仔服装，也可与调节扣配合使用于背带裙、背带裤等。

（二）纽扣的选择

纽扣的选用是服装设计中的重要设计点，对体现整个服装设计的意图有重要作用。

选配纽扣要考虑它的色彩、造型、材质等。纽扣的颜色要与面料颜色统一协调或者与面料主要色彩相呼应;纽扣的造型要与服装的款式造型谐调;纽扣的材质要与服装面料的风格相配伍。

二、拉链

拉链用于服装开口的扣合、衣片的联结等,既简化服装的加工工艺,又方便服装的穿脱,同时可以具有装饰功能。

(一) 拉链的结构

拉链的结构如图 8-15 所示。拉链牙齿是形成拉链闭合的关键部件,其材质决定拉链的形状和性能。头挚和尾挚用以防止拉链头及牙齿从头端和尾端脱落,边绳织于底带的边沿,作为牙齿的依托,而底带依托牙齿并藉以与服装缝合。底带由纯棉、涤/棉或纯涤纶纱线织成并经定型整理,其宽度则随拉链号数的增大而加宽。

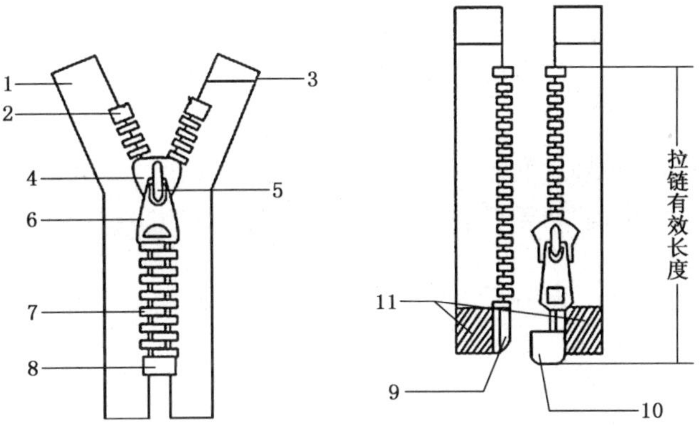

(a) 闭尾拉链　　(b) 开尾拉链

1—底带　2—头挚　3—边绳　4—拉链头　5—拉头锁　6—把柄
7—拉链牙齿　8—尾挚　9—插针　10—针盒　11—针片

图 8-15　拉链结构示意图

拉链头用以控制拉链的开启与闭合,其把柄(拉襻)形状可以重点设计,既可作为服装的装饰,又可作为商标标识。

(二) 拉链的分类与特点

1. 按拉链的使用功能可分为三类:开尾型、闭尾型和隐形拉链

(1) 开尾拉链

两边的拉链底带可完全分离的拉链。又分为单头开尾拉链和双头开尾拉链。单头开尾拉链有一个拉链头,双头开尾拉链有两个拉链头。开尾拉链主要用于前襟全开的服装(如茄克、羽绒服等)和可脱卸衣里的服装。(图 8-16)

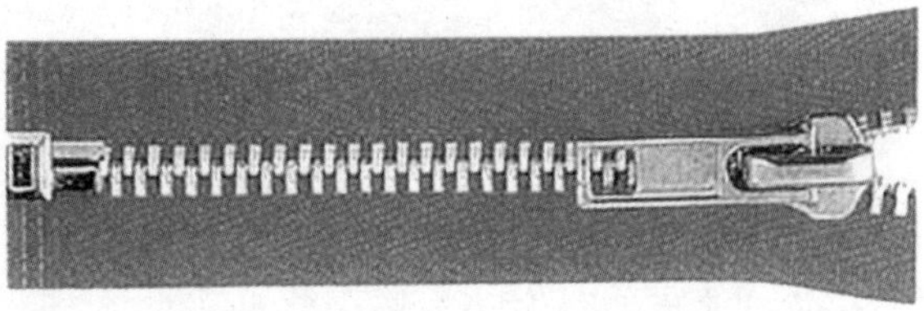

图 8-16　单头开尾拉链

(2) 闭尾拉链

闭尾拉链是指一端闭合或两端闭合的拉链。只有一个拉链头的闭尾拉链称单头闭尾拉链。单头闭尾拉链常用作裤子、裙子的门襟拉链等。有两个拉链头的闭尾拉链称双头闭尾拉链。双头闭尾拉链常用于服装口袋或箱包等。(图 8-17)

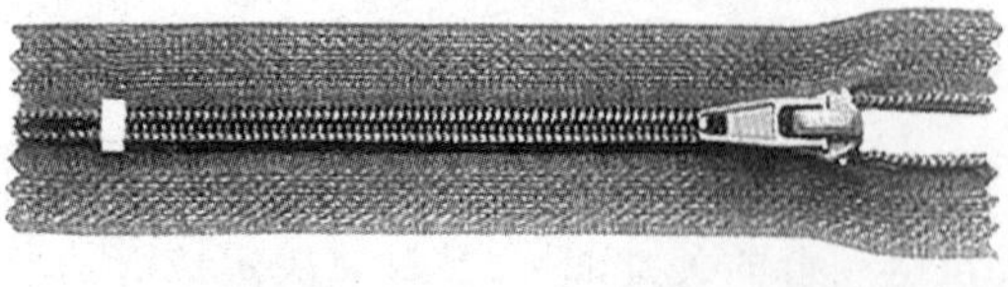

图 8-17 单头闭尾拉链

图 8-18 隐形拉链

(3) 隐形拉链

隐形拉链是指拉合后拉链布带密结,仅露出拉头的拉链。隐形拉链常用于裙装、裤子等服装。(图 8-18)

2. 按拉链牙的材质分类

可分为两大类:金属拉链和非金属拉链(注塑拉链、尼龙拉链等)

(1) 金属拉链

由铜、铝、镍等金属材料压制成牙后,经过喷镀处理,再装于拉链带上而制成。铜质拉链开合滑爽,强力高,高雅庄重,经久耐用,但价格较高,重量偏重。铝质拉链与铜质拉链相比,强力稍低,耐用性稍差,但质轻价廉。

铜质拉链主要用于高档茄克、皮衣、牛仔服装、滑雪衫等。铝质拉链用于中低档茄克、西裤、休闲装等。(图 8-19)

(a) 运用铜质拉链的牛皮机车服

(b) 铜质拉链的局部展示

图 8-19 牛皮机车服及其所用的铜质拉链

（2）注塑拉链

拉链牙采用聚甲醛注塑而成，质地坚韧、耐磨损、抗腐蚀、色泽丰富、规格多样。它适用于中厚面料的服装，如茄克、滑雪衫、工作服、童装等。（图 8-20）

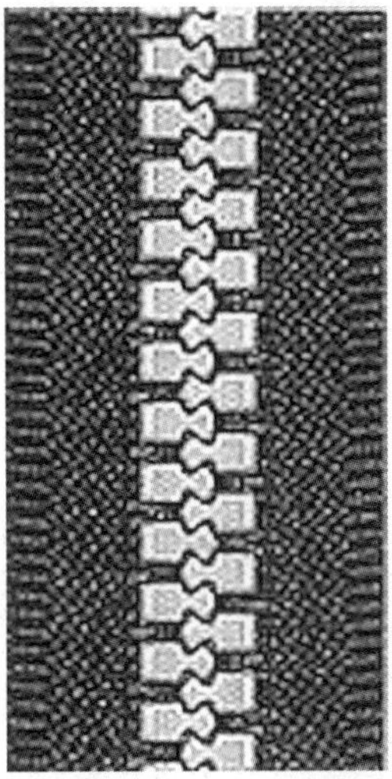

图 8-20 注塑拉链的拉链牙

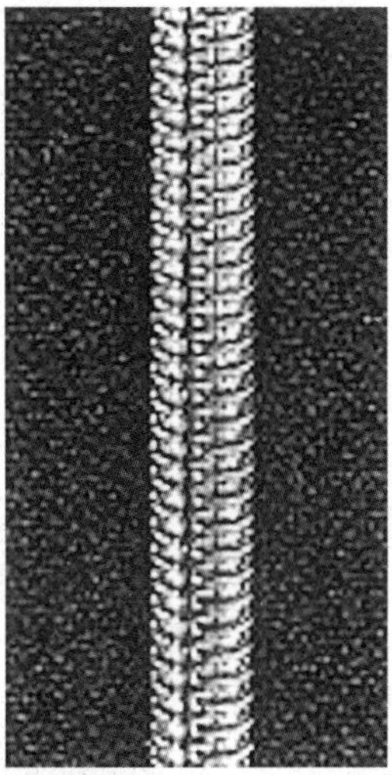

图 8-21 螺旋拉链的拉链牙

（3）螺旋拉链

由涤纶、尼龙单丝圈编而成形，拉链表面光滑，色泽鲜艳，薄而轻巧，柔软而有挠性，价格便宜。近年来由于螺旋拉链镀金、银技术的应用，更使其应用范围拓宽。螺旋拉链广泛应用于各类服装，特别是内衣和各类轻、薄面料的女式衣裙、裤子等；由于它有较好的挠性，还可用于脱卸式羽绒衫、皮茄克等服装的内胆联结。缺点是耐高温性稍差、强度低。（图 8-21）

其中的隐形拉链拉合后不露拉链齿带，适用于女裙、裤、连衣裙等。编织拉链因无中心线而使链牙变薄、变轻柔，成为高档西裤选用的拉链。

（三）拉链的选配

拉链除了扣紧作用外，在服装设计中越来越注重其装饰性，在选配拉链时，一般需注意以下几方面。

（1）根据服装类型、拉链使用部位及使用功能合理选择拉链链牙的材质、拉链结构、色泽、长度、拉链的强力等；

（2）根据拉链底带的色泽和材质来选择要使用的拉链。拉链底带的颜色一般应选择与面料颜色一致或相近似；底带的材质有全棉、涤/棉及纯涤纶，其缩水率与柔软度不同，应根据面料性能来选配；

（3）不同类型的拉头使用功能不同，拉头的选用一般应根据服装的款式、用途而定。上衣门襟处应选用自锁拉头，裤门襟处应选用针锁拉头，对强力要求高的裤门襟也可选用自锁拉头。双面穿用的上衣，可选用回旋拉头。一般服装上横向的口袋等可选用无锁拉头。

三、绳带

用于服装上的绳带，起着紧固和装饰作用。品种繁多，常见的有：

（一）松紧带

松紧带是采用弹性材料交织的一种扁平带状织物，质地紧密，表面平挺、手感柔软。松紧带具有较好的弹性，纵向伸长可达原长的1～2倍。带子宽窄有不同规格，一般窄的可用于内衣裤，宽的用于茄克下摆等。（图8-22）

图8-22　松紧带

随着新型纺织材料的不断发展与应用，各种材料的松紧带日益增多。比如氨纶带、弹力锦纶带、镂空花边带等作为松紧带已广泛用于女性胸罩、内衣、童装等，既有实用功能，又有很强的装饰性。

（二）罗纹带

用棉纱与纱包橡胶线交织成的弹性带织物，表面呈罗纹状凸起。罗纹带有较好的弹性，宽度一般为6 cm，主要用于茄克衫下摆、袖口、领口等。

（三）缎带

采用缎纹组织制织的带状织物。原料有人造丝、涤纶丝等。带面平挺，色泽艳丽、手感柔软、无弹性。常用作女衬衫、童装的装饰，也可用于编织女式工艺衫。（图8-23）

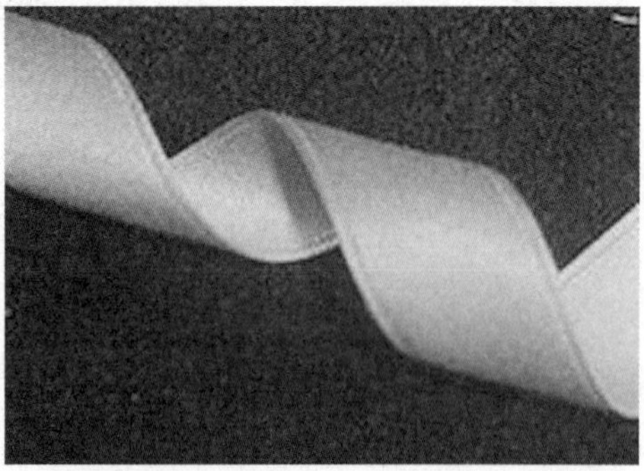

图8-23　缎带

（四）针织彩条带

采用锦纶弹力丝织成的有彩色条纹的带状针织物。彩条带的宽度大约在1～6 cm之间，有较好的弹性，主要用于针织运动服装，起装饰和加固的作用。

（五）粘扣带

粘扣带，又称尼龙搭扣，是由勾面带与圈面带组合而成的带织物（图8-24）。勾面带表面有0.22～0.25 mm直径的粗锦纶单丝形成的硬挺直立的勾子，圈面带表面有333 tex/12f的锦纶复丝形成的浓密柔软的丝圈状结构。两者略加轻压，即能粘合在一起，撕揭即可分离，使用方便。粘扣带宽度有16 mm、20 mm、25 mm、30 mm、50 mm、100 mm等规格，颜色有漂白、大红、元色、浅绿、淡黄等。粘扣带常用于童装、童鞋、滑雪衫、内袋口、活动垫肩等处。

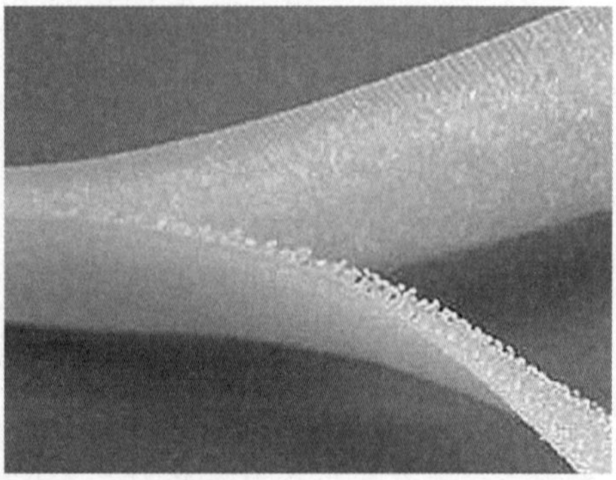

图8-24　粘扣带（尼龙搭扣）

(六)编织绳

编织绳有无芯和有芯两类。常用原料有人造丝、涤纶低弹丝、锦纶丝、棉纱等,一般素色,也可嵌入花色纱线编织花式绳。它质地紧密,手感柔软,外观有交织纹路,常用作羽绒服、茄克衫、风雨衣、童装等服装的紧扣件或装饰绳。(图8-25)

(七)松紧绳

松紧绳采用锭编织机织制,中间为弹性橡胶丝芯线,外包棉线或人造丝,呈圆形,有较好的弹性,常用于运动服、内衣、衬裤等束口。

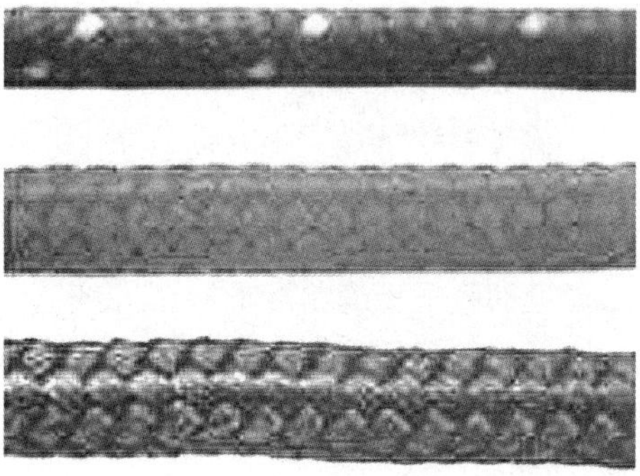

图8-25 编织绳

第五节 线 料

缝纫线除缝合功能之外,还起着装饰的作用。缝纫线的质量影响着缝纫效率、缝制质量和外观品质。

一、缝纫线的分类

(一)缝纫线按纤维原料分类

1. 棉缝纫线

棉缝纫线强度较好,有优良的耐热性,但其弹性和耐磨性稍差。棉缝纫线品种有软线、蜡光线和丝光线三种。

软线没有经过烧毛、丝光、上浆等处理。软线有本白、漂白、染色三类。常见的软线品种有精梳或普梳两种。卷装的形式有纸芯线、绞线、宝塔线等。软线表面毛羽多,光泽暗淡,线质柔软,延伸性较好,强力稍低,适用于低速缝纫,常用于低档棉织品。

蜡光线经过了上浆、上蜡和刷光处理,线体表面光滑而硬挺,捻度稳定,强度和耐磨性有所提高,减少了缝纫时的摩擦阻力。卷装形式有绞线、纸芯线、塔线等。蜡光线适用于硬挺面料或皮革等面料的缝纫。

丝光线一般采用精梳棉纱,并经过了丝光处理。它外表富有光泽,强力也有所提高,线质柔软,品质高于软线,适用于缝制中高档棉制品。

2. 丝缝纫线

丝缝纫线用天然桑蚕长丝或绢丝制成,光泽极好,其弹性、强度和耐磨性均优于棉缝纫线,适用于丝绸及其他高档面料的缝纫。由于丝缝纫线价格高,耐热性差,强力低于涤纶长丝线,它因而逐步被涤纶长丝线替代。

3. 涤纶缝纫线

由于具有强度高,耐磨性好,缩水率低,耐热性好等优点,涤纶缝纫线广泛用于棉织物、化纤织物和混纺织物的服装缝制。按涤纶纤维不同,涤纶线可分为涤纶短纤维缝纫线、涤纶长丝缝纫线和涤纶低弹丝缝纫线。

涤纶短纤维缝纫线由涤纶短纤维纺成,又称棉型涤纶缝纫线,线质柔软,耐磨性好,强力高,是目前使用最多的一种缝纫线。它适用于缝制各类棉、涤棉、化纤、毛及混纺织物的服装。

涤纶长丝缝纫线由涤纶长丝制成,其强度高,弹性好,线质柔软,可缝性好,线迹挺括。涤纶长丝缝纫线适于缝制滑雪衫、皮装等。

涤纶低弹丝缝纫线由涤纶低弹丝制成,弹性好、伸长率大,适用于缝制弹性织物的服装,如针织运动衣、内衣、紧身衣等。

4. 锦纶缝纫线

耐磨性好,强力高,弹性好,光泽亮,但耐热性稍差,不适宜于高速缝纫及高温整烫。常用的锦纶缝纫线有锦纶长丝缝纫线、锦纶透明缝纫线和锦纶弹力缝纫线。

锦纶长丝缝纫线耐磨性好,强度高,光泽亮,适用于一般化纤服装的缝制及各类服装的钉扣、锁纽等。

锦纶透明缝纫线无色透明,可用于任何色泽的缝料上,减少了缝线配色的麻烦。但目前透明缝纫线线质太硬,耐热性差,还不能适合服装主体的缝制加工,而主要用作缲边线。

锦纶弹力缝纫线采用尼龙 6 或 66 变形弹力丝制成,适用于各类伸缩性较大的弹性织物,如胸罩、内衣裤、针织紧身衣等。

5. 涤/棉混纺缝纫线

涤/棉缝纫线由 65 涤/35 棉混纺纱制成。涤/棉缝纫线强力高,耐磨性好,耐热性好,线质柔软,适应高速缝纫。涤/棉缝纫线适用于各类棉织物、化纤织物、针织棉毛织物及厚、薄型各类服装的缝制、拷边等。

6. 涤棉包芯缝纫线

涤棉包芯缝纫线以涤纶长丝(或锦纶长丝)作为纱芯,外包棉纤维。涤纶包芯缝纫线强力高,耐热性同于棉线,线质柔软而有弹性,缩水率小,适应于高速缝纫。涤棉包芯缝纫线适用于缝制中厚型棉织物、化纤织物等。

(二)缝纫线按卷装形式分类

缝纫线的卷装形式主要有四种。

1. 木芯线

又称木纱团,木芯上下有边盘,可防止线从木芯脱下,但其卷绕长度较短,一般在 200 ~ 500 m,故适用于手缝和家用缝纫机。为了节省木材,木芯已逐步为纸芯或塑芯取代。

2. 纡子线

又称纸管线,卷装有 200 m 以内及 500 ~ 1 000 m 的,适于家用或用线量较少的场合。

3. 锥形管缝纫线

又称宝塔线,卷装容量大,为 3 000 ~ 20 000 m 及以上,适合于缝纫线在高速缝纫时的退解,并有利于提高缝纫效率,是服装工业化生产用线的主要卷装形式。

4. 梯形一面坡宝塔管

主要用于光滑的涤纶长丝,容量为 20 000 m 以上。为防止宝塔成形造成脱落滑边,常采用一面坡宝塔管。

此外,还有软线球及绞线等。

二、缝纫线商标符号

在缝纫线包装的商标上，标志着线的原料、特数、股数及长度。也有用符号来表示的，如棉缝纫线，有时以前两位数表示单纱英支数，第三位数表示股数，803 即是代表 80/3 英支的缝纫线；602 即是代表 60/2 英支的缝纫线。

三、其他线类

（一）绣花线

绣花线按原料的不同可分为棉绣花线、真丝线、人造丝线和毛绣花线。

棉绣花线由棉线经过丝光和烧毛处理，手感柔软、缩水率低、色牢度好，但光泽手感逊于真丝线。（图 8-26）

真丝线用桑蚕丝制成，色彩艳丽，手感柔软滑爽，光泽优雅悦目。真丝线一般用作手绣线，生产高档手工艺绣品。（图 8-27）

图 8-26　棉绣花线

图 8-27　真丝绣花线

人造丝绣花线采用粘胶长丝制成，光泽明亮，手感柔软，但强力稍低。（图 8-28，图 8-29）

图 8-28　绞装人造丝绣花线

图 8-29　管装人造丝绣花线

由于棉绣花线与人造丝绣花线耐热性能好，价格便宜，常用于各类服装的机绣线、手绣线。

(二) 金银线

金银线有华丽的金色或银色，手感略硬，常与缝线并捻，用作童装、女装的刺绣或局部装饰线等。

四、缝纫线的选用

为了使缝纫线在服装加工中有最佳的可缝性和使服装具有良好的外观和内在质量，正确地选择缝纫线是十分重要的。原则上，应与服装面料有良好的配伍性。主要考虑以下几方面。

1. 面料种类与性能

缝纫线与面料两者原料相同或相近，才能保证其缩率、耐化学品性、耐热性以及使用寿命等相配伍，以避免由于线与面料性能差异而引起的外观皱缩弊病。

缝纫线的粗细应取决于织物的厚度和重量。在接缝强度足够的情况下，缝线不宜粗，因粗线要使用大号针，易造成织物损伤。

2. 服装种类和用途

选择缝纫线时应考虑服装的用途、穿着环境和保养方式。如弹力服装，需用富有弹性的缝纫线。特别是对特殊功能服装来说(如消防服)，就需要经阻燃处理的缝纫线，以便耐高温、阻燃和防水。

3. 缝型与线迹的种类

多根线的包缝，需用蓬松的线或变形线，而对于双线线迹，则应选择延伸性较大的缝纫线。特别是现代工业生产中的专用设备，可用于服装的不同部位，这为合理用线创造了有利条件。如缲边机，应选用细支或透明线；裆缝、肩缝应考虑缝纫线的坚牢，而扣眼线则需耐磨。

4. 缝纫线的价格与质量

缝纫线占服装成本的比例较低。若只顾缝纫线的价格低廉而忽视了质量，就会造成缝纫断头率增大，既影响缝纫产量又影响缝纫质量。

第六节　商标标志及装饰辅料

一、花边

花边是装饰服装用的带状织物，多用于女装和童装，赋予服装温馨浪漫的美感。

常见花边可分为编织、机织、刺绣、针织四大类。

(一) 编织花边

编织花边又称线边花边，它以棉纱为经纱，以棉纱、人造丝或金银线等为纬纱，编织成各种各样色彩鲜艳的花边。

编织花边是目前花边品种中档次较高的一类，常用于时装、内衣、衬衫、羊毛衫、童装、披巾等。(图8-30，图8-31)

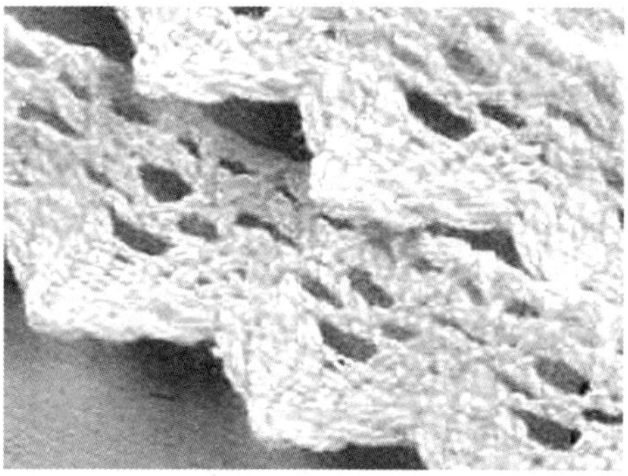

图 8-30 编织花边

图 8-31 带编织花边的衬衫

(二) 机织花边

机织花边由提花织机织成，花边质地紧密，立体感强，色彩丰富，图案多样。机织花边的原料有棉线、人造丝、锦纶丝、涤纶丝花边等多种。花边宽度一般为 0.3～17 cm。机织花边常用于各类女时装外衣、裙装、童装及披巾、围巾等。

(三) 刺绣花边

刺绣花边分手绣和机绣两种。

机绣花边中大量应用的是机绣水溶花边。机绣水溶花边是由电脑绣花机用粘胶长丝按设计图案刺绣在水溶性非织造布底布上，经热水处理，使水溶性非织造布溶解，留下刺绣花边。水溶性花边宽度 1～8 cm，图案活泼多样、立体感强，价格便宜，使用方便，广泛应用于各类服装及装饰用品。(图 8-32)

图 8-32 机绣水溶花边

(四) 经编花边

经编花边由经编机编织，一般花边组织较稀疏有孔眼，透明感强，外观轻盈素雅，柔软有弹性。经编花边大多以锦纶丝、涤纶丝、人造丝为原料，多用于女装、童装和装饰品上。(图 8-33)

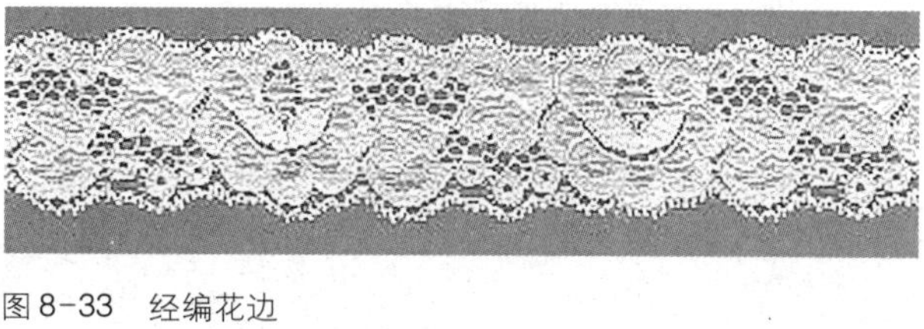

图 8-33 经编花边

二、商标、标志

（一）商标

商标，俗称牌子。服装商标的材料种类很多，有胶纸、塑料、织物、皮革、金属等。商标的印制更是千姿百态，有提花、印花，植绒、压印、冲压等。商标的选配，除了考虑品牌及装饰效果外，还应考虑到服用舒适性，内衣商标要薄、软、小，使穿着者感到舒适；外衣商标可选厚、挺、大；金属、皮革商标有很强的装饰性，可用于牛仔、皮装、茄克的外表面。（图 8-34，图 8-35）

图 8-34　织物质商标

图 8-35　皮质商标

（二）标志

服装标志是用于说明服装原料、性能、使用及保养方法、洗涤及熨烫方法等等的一种标牌，有品质标志、规格标志、产地标志、使用标志、质量标志等。按材质讲，常见的服装标志有纸质吊牌、尼龙涂层带、塑料胶纸、布质编织标等。

服装标志应清晰、完整，便于消费者使用、查验，还应考虑标志与服装整体的协调性与装饰性。

本章小结

本章主要讲述了服装里料、衬料、絮填料、垫料、纽扣、拉链、绳带、缝纫线、商标、标志的概念、主要品种及特点和在服装上的适用性。

思考与练习

1. 如何选用服装衬料？
2. 选配里料应考虑哪些因素？
3. 扣紧材料包含哪些种类？选用扣紧材料时需要注意什么？

第九章

服装材料与服装设计

在服装设计中,服装设计师对服装材料的合理运用,对于体现服装设计师的设计意图和满足消费者对服装在舒适、美观、个性化的要求起着至关重要的作用。

第一节　服装材料的服用性能与服装设计

服装的很多性能在很大程度上是由服装材料决定的。在服装设计中,设计师若能很好地理解服装材料的性能并合理地加以运用,才能设计出美观和服用性能良好的服装,才能最终为消费者所接受。

一、舒适性

目前,人们更加追求舒适、轻松的生活方式,对服装的穿着舒适性更加注重。而服装的舒适性取决于服装材料的舒适性能和服装的款式结构。服装材料的舒适性能主要包括热湿舒适性、触感舒适性和运动舒适性几个方面。

(一)热湿舒适性能

人体与环境之间处于不断的能量质量交换中。人体的热湿舒适感觉取决于人体和周围环境之间的热量和水分等的交换平衡。服装在这种能量质量交换中起着调节作用,服装的这种调节能力的大小又取决于服装的款式和服装材料的有关性能,主要包括隔热性、透气性、吸湿性、透湿性、透水性、保水性和润湿性等,统称为热湿舒适性。

1. 服装材料的隔热性

服装材料的隔热性对防寒服装有重要意义。要使服装具有良好的隔热性,需要选择隔热性良好的服装材料。

当材料的两个表面存在温度差时,热量就会从温度高的一面向温度低的一面传递,这就是热传导或导热。服装材料的隔热性与服装材料的导热性正好相反。服装材料的隔热性可用服装材料的热阻来表示,热阻值越大,服装材料的隔热性越好。

服装材料的热阻主要受其结构中死腔空气和静止空气含量的影响。相同结构的服装材料,其热阻随厚度的增大而增大。同样厚度时,中空纤维或蓬松结构的服装材料,因容纳有大量的死腔空气或静止空气,因而热阻大,保暖性好。服装材料厚度方向上的压缩弹性影响其隔热性的持久性,压缩弹性好的材料,在服用过程中可以较长时间保持其隔热性。吸湿性好的材料在潮湿环境中隔热性会明显下降。

2. 服装材料的吸湿性、放湿性和透湿性

当环境气温与人体表面温度相等,甚至高于体表温度时,人体最重要的散热途径就是通过出汗增加蒸发散热。即使人体在热应激水平很低时,人体也不断地通过皮肤向体外释放水分,即所谓的不感知蒸发。这些水分如果不能及时地被服装吸收或透过服装释放到环境中,人体就会感到闷热或潮湿,引起人体的不舒适。

服装材料吸收气态水分的能力称为服装材料的吸湿性。服装材料放出气态水分的能力称为服装材料的放湿性。服装材料的透湿性是指气相水分因服装材料内外表面存在水汽压差而透过服装材料的性质。因为人体不断向体外排出水分,这些水分能否及时被服装吸收或透过服装释放到环境中,对于人体的舒适与否是十分重要的。因此,织物的吸湿性、放湿性和透湿性对服装的舒适性有很大的影响。

对夏季服装和内衣而言,要求服装材料有良好的吸湿性、放湿性和透湿性,以便吸收人体通过不感知蒸发和出汗向皮肤表面排出的水分,并迅速释放到周围环境中,以保持皮肤表面适宜的湿度。对冬季服装的填絮料而言,由于其吸湿后会使保暖性降低,因此一般希望吸湿性差一些,尤其对于湿冷环境下穿着的冬季服装更是如此。此外,服装材料的吸湿性还与其抗静电性密切相关,吸湿性差的服装材料,容易引起静电问题,造成其他的不舒适。

服装材料的吸湿性主要由其纤维原料的吸湿性大小所决定。服装材料吸湿性的表征指标是公定回潮率。公定回潮率越大,吸湿性越好。棉、麻、丝、毛和再生纤维素纤维的吸湿性都很好,而合成纤维的吸湿性普遍差。

气态的水分透过服装材料的性能,称为服装材料的透湿性。在我国国家标准中,织物透湿性的评价指标是透湿率(Water Vapour Transmission Rate),指在织物两面存在恒定的水蒸气压差的条件下,在规定时间内通过单位面积织物的水蒸气质量,单位是 $g/(m^2 \cdot d)$,即每天每平方米织物上的透湿量。

影响服装材料透湿性的主要因素有:纤维的吸湿放湿性能、服装材料的紧密度、厚度和后整理。当接近皮肤的衣下空气层中水蒸气分压大于周围环境中水蒸气分压时,水蒸气便可以通过服装材料纱线间的孔隙和纤维间的孔隙从水蒸气分压高的皮肤表面向水蒸气分压低的外环境扩散。服装材料的紧密度和后整理决定了这些孔隙的大小和多少。服装材料的厚度越大,对水蒸气的粘滞力越大,对水蒸气的扩散阻力也就越大。纤维具有一定的吸湿能力,又有一定的放湿能力,可以从湿度高的环境吸湿后向湿度低的环境放湿。在其他条件相同时,如果纤维的吸湿性好,放湿又快,则透湿性增加。

3. 服装材料的透气性

气体透过服装材料的性能称为服装材料的透气性或通气性。服装材料的透气性以服装材料两面在规定的压力差条件下(国标为 2 000 Pa 或 15 mmHg),单位时间内流过单位面积服装材料的空气体积来表示,透气性的单位是 $L/(m^2 \cdot s)$。

服装材料的透气性与服装的隔热性能有关。在有风时,外层服装面料的透气性对于服装的隔热性影响很大。对于在寒冷环境中穿着的外层服装,要求其面料具有较小的透气性,以提高整体服装的防寒保暖性能。另外,服装材料的透气性还与服装材料的透湿性能密切相关,对于同种纤维的服装材料,其透湿性能随其透气性的提高而提高。夏季服装面料要具有良好的透气性。

服装材料透气性直接的决定因素是材料中直通孔的大小、多少和材料厚度,受纤维的截面形态、纱线细度、织物的密度、厚度、组织以及染整后加工等多种因素的影响。

汗布、巴厘纱、细纺、乔其纱等轻薄、多孔面料有良好的透气性,适合用作夏季服装面料;经过防水整理的尼龙塔夫绸的透气性差,是优良的防寒服面料。

4. 织物的液态水传递性能

织物中液态水的传递是通过毛细管作用实现的,是一种芯吸传递。织物的液态水传递性能主要取决于水对纤维表面的润湿性能、纤维的细度和截面形状、纱线中纤维的排列状态和织物的后整理。

对于冬季贴身穿用的运动员训练或比赛服装,如果内层采用吸湿性差而液态水传递性能好的材料,则可以迅速将汗水传递到外层材料中,同时保持比较干燥的状态,可以避免运动结束后体热的过分散失,进而避免因此造成的感冒。

对于炎热条件下贴身穿着的服装，如果织物的液态水传递性能好，则可以迅速将汗水传递到服装的外表面，从而促进汗水的蒸发，增加蒸发散热量。

Coolmax 等排汗快干纤维的面料有优良的液态水传递性能。

5. 保水性能

织物的保水性能，是指织物握持液态水分的能力。所有的纺织结构，无论其纤维是否吸湿，都能把水分聚集在纤维的内、外表面或纤维之间的孔隙中，称为"吸附水"。织物保水性能的大小，就是由纤维的吸湿能力和织物的这种保持吸附水的能力决定的。

织物的保水性能与夏季贴身服装的舒适性有较大的关系，主要是涉及服装吸汗的问题。如果贴身服装织物的保水性能好，织物就可以吸收更多的汗水而不容易产生潮湿感和粘体感。相反，如果夏季贴身服装织物的保水性能差，织物只吸收了少量的汗水就已达到饱和，从而很容易产生潮湿感和粘体感。

过于轻薄的长丝织物，尤其是吸湿性差的合成纤维长丝织物，因其最大容水量小，在人体出汗量较低时，就会粘贴皮肤而导致不舒适。

（二）触感舒适性能

除了热湿舒适性以外，触感舒适性也是服装舒适性的重要方面，对贴身穿着的服装尤其重要。触感舒适性主要是由构成服装的织物的物理机械性能作用于人体皮肤的结果，因此，服装触感舒适性的评价与织物的物理机械性能、皮肤的特性及环境的温湿度等因素有密切关系。服装的触感舒适性主要包括织物的手感、接触冷暖感、刺痒感和粘体感。

1. 织物的手感

织物的手感：用手触摸、攥握织物时，织物的某些物理机械性能作用于人手并通过人脑产生的对织物特性的综合判断。

织物的手感主要包括织物的粗糙与光滑、柔软与硬挺、弹性好坏、轻重、厚薄、丰满与板结等多个方面。织物的手感不仅与服装的穿着舒适性有关，而且影响服装的造型和保型性，是织物的多种物理机械性能和内在质量的一种综合反映。

贴身穿着的服装，人们往往青睐手感柔软的面料。对于造型硬朗的服装，需要使用比较硬挺的面料；对于造型柔美、线条流畅的服装，需要使用柔曲性好的面料。

2. 接触冷暖感

环境温度较低的情况下，当人体接触织物时，由于人体皮肤温度比织物温度高，热量就会由接触部位的皮肤向织物传递，导致接触部位的皮肤温度降低，因而与其他部位的皮肤温度有一定的差异，这种差异经过神经传到大脑所形成的冷暖判断及知觉，称为织物的接触冷暖感。一般来说，表面光滑的织物，与皮肤接触面积大，冷感较强；起绒、毛圈织物，与皮肤接触面积小，暖感较强。

对于冬季贴身穿着的服装，如果所用的织物暖感较强则比较舒适；反之，如果织物的冷感较强，穿着时皮肤就会感到骤凉而不舒适。

3. 织物的刺痒感

某些织物的服装与皮肤接触时，由于织物与皮肤之间的相互挤压、摩擦，使皮肤产生刺痛和搔痒的不舒适感觉，这就是织物的刺痒感。

织物的刺痒感主要见于毛衣、粗纺毛织物和麻织物等。从织物本身而言，刺痒感主要与织物表面纤维(毛羽)的粗细、多少、长短以及纤维在织物中滑移的难易有关。其中,纤维的粗细是影响织物刺痒感最重要的因素。

对于贴身穿着的服装面料,应避免有刺痒感。

二、耐用性

随着生活水平的提高和对时尚的追求,很多情况下,一件服装被丢弃,不是因为已经穿坏,而只是因为不再时髦而已。因此,织物的强度和耐用性能已不再像从前那样被强调。但是,人们还是希望自己的服装有合理的强度和耐用性能。

(一)拉伸强度

织物在承受较大的拉伸负荷时,会产生拉伸断裂。

表征织物拉伸性能的指标有断裂强力、断裂伸长、断裂长度、断裂伸长率、断裂功等。研究表明,断裂功与穿着耐用性有密切的关系,能在较大程度上反映织物的内在质量。国际上通常用经纬向断裂功之和作为织物的坚韧性指标。

一般穿着情况下,服装由于拉伸断裂而产生的破坏并不多,因为多数织物的断裂强力都能够承受穿着过程中受到的拉伸力。需要注意的是,轻薄型的粘胶纤维织物在润湿状态下强力有明显下降,在穿着和洗涤时要加以注意。

(二)撕破强度

在服装穿着过程中织物中的纱线会被异物钩住而发生断裂,或是织物局部被夹持受拉而撕成两半,织物的这种破坏现象称为撕裂或撕破。

结构过于紧密的织物和经过树脂整理的织物,其撕破强度较低。

部队陆军服装和野外作业的服装对织物抗撕破强度的要求较高。目前我国对经树脂整理的织物,要求测定其抗撕破强度。针织物一般不作撕破试验。

(三)顶裂强度

织物局部在垂直于织物平面的外力作用下受到破坏,称为顶裂。

随着生活水平的提高,服装更新很快,一般不会发生顶破的现象。但服装穿着中较多出现拱膝拱肘现象,影响服装的挺括和美观。可以利用顶裂试验机进行起拱试验,在试样上施加一定的负荷并且反复作用于织物上,分析织物的变形特点,用以判断服装穿着时的保形性。

(四)耐磨性能

服装在穿着过程中,臀、膝、肘、领、袖、裤脚等部位会受到各种摩擦而引起损伤和使服装的强度、厚度减小,外观上起毛,失去光泽,褪色,甚至出现破洞,这种破坏称为磨损。耐磨性能就是织物具有的抵抗磨损的特性。

随着生活水平的提高,服装面料的耐磨性能不再像过去那样被加以强调,但对于工作服和童装面料来说,耐磨性能仍然很重要,选择时要加以重视。

根据织物在磨损时所处的状态,织物的磨损主要有平磨、曲磨、折边磨。平磨是对织物试样以一定的运动形式作平面摩擦,它模拟服装袖子、臀部、袜底等处的磨损形态。曲磨是使织物试样在弯曲状态下受到反复摩擦,它模拟服装肘部和膝盖处的磨损形态。折边磨是将试样对折后,对试样的对折边缘进行反复摩擦,它模拟服装领口、袖口和裤脚等处的磨损形态。

结构过于紧密的织物、经过树脂整理的织物以及麻织物,其耐折边磨的性能较差。

（五）耐疲劳性

疲劳是指材料在小外力的反复作用下变形会逐渐积累，最终导致材料破坏的一种现象。织物抵抗因疲劳而损害的能力，称为耐疲劳性。

织物的耐疲劳性主要与纤维的弹性和延伸性、纱线结构、织物后整理有关。此外，服装的穿着条件对织物的耐疲劳性也有较大影响，勤换衣服可以减小织物变形的累积程度，洗涤和熨烫等给予的温度和水分，都能使变形得到有效的恢复，从而提高织物的耐用性。

对于工作服和童装面料来说，耐用性仍然是很重要的，选择时要加以重视。

三、外观性能

服装的外观是服装品质的重要方面，也是服装消费者非常关注的方面。与服装外观紧密相连的织物性能主要有悬垂性、抗皱性、洗可穿性、抗起毛起球性能、抗钩丝性能以及色泽和色牢度。

（一）悬垂性能

织物的悬垂性对于服装（特别是裙装）的造型效果起着重要作用。

织物的悬垂性：织物由于自身重力的作用，在自然悬垂状态下呈波浪屈曲的特性。

织物的悬垂性用悬垂系数表征。悬垂系数取值在 0 ~ 1 之间，悬垂系数越小，则织物悬垂得越厉害，通常也说织物的悬垂性越好。

织物的悬垂性与织物的弯曲性能和剪切性能有密切关系。越硬挺的面料，悬垂性往往也越差。

服装面料都应具备一定的悬垂性，但不同造型的服装，对面料悬垂性的要求不同。例如，同样是裙装，A 字型短裙要求面料的悬垂性不能太好，面料应有足够的硬挺度；而波浪裙则要求面料的悬垂性非常好。再如，西服套装要求面料的悬垂性不能太好，而柔美风格的夜礼服长裙则要求面料的悬垂性非常好。

强捻纱的面料一般悬垂性很好。采用同样纱线的面料，紧密度越高，面料的悬垂性越差。棉织物的悬垂性较差，精纺毛织物的悬垂性较好，丝织物中的双绉、乔其纱、绉缎的悬垂性都很好。

（二）抗皱性能

多数情况下，人们喜欢服装具有平整挺括的外观。比如，有些服装洗涤后要进行熨烫，其主要目的就是去除服装上的折皱和塑造服装的立体造型。服装上的折皱，实际上也就是织物的折皱，是由于服装在穿着或洗涤过程中受到机械外力的揉搓作用而产生的，它不仅影响服装的美观，而且服装折皱处易磨损。

织物抵抗因揉搓作用而产生折皱的性能，称为织物的抗皱性。织物的抗皱性可分为干态抗皱性和湿态抗皱性。干态抗皱性可以较好地表征织物在一般穿着时的抗皱性能，湿态抗皱性可以较好地表征织物洗涤过程中的抗皱性能。

织物抗皱性的好坏一般用织物的折皱回复角来表示，折皱回复角越大，织物的抗皱性越好。织物的折皱回复角等于织物经向的折皱回复角与织物纬向的折皱回复角之和。

羊毛面料有很好的干态抗皱性，涤纶面料的干态抗皱性和湿态抗皱性都很好，普通的棉、麻面料的抗皱性差。棉、麻与涤纶纤维的混纺面料，其抗皱性随涤纶纤维含量的增加而提高。树脂整理可以显著提高棉以及棉混纺面料的抗皱性。

(三)洗可穿性能

织物洗涤后不经熨烫或稍加熨烫就很平整的性能称为织物的洗可穿性。

织物的洗可穿性与纤维的吸湿性、初始模量和织物的湿态抗皱性有密切关系。涤纶、腈纶和锦纶等合成纤维织物一般具有良好的洗可穿性，其中，涤纶织物的洗可穿性尤其好，这也是涤纶织物广受欢迎的一个重要原因。纤维素纤维织物和蛋白质纤维织物的洗可穿性普遍较差，洗涤后一般都需要加以熨烫才能穿用。纤维素纤维织物和蛋白质纤维织物经过树脂整理，其洗可穿性有明显改善。

织物的洗可穿性的测定方法，目前国内外采用较多的有拧绞法、落水变形法和洗衣机洗涤法。评定方法，是将试样与标准样照对比，样照分为五级，“5 级”样照洗可穿性最好，“1 级”最差，取三块试样的平均值作为评级结果。在国外有同时测试湿态抗皱性来评定织物的洗可穿性的。

(四)抗起毛、起球性能

织物在实际穿用过程中，不断经受摩擦，使织物表面的纤维端露出织物，在织物表面呈现许多令人讨厌的毛茸，即为“起毛”；若这些毛茸在继续穿用中不能及时脱落，就互相纠缠在一起，被揉成许多球形小粒，通常称为“起球”。

织物起毛、起球，会使织物外观恶化，手感变差，并且容易沾污。

织物抗起毛起球性能分为 5 级，“5 级”表示抗起球性能最好，“1 级”表示抗起球性能最差。

由较短纤维制成的织物起毛、起球程度，比由较长纤维制成的织物严重；细纤维比粗纤维易于起球；精梳纱织物的抗起毛起球性能优于普梳纱织物；股线织物的抗起毛起球性能优于单纱织物；结构紧密的织物比结构疏松的织物的抗起毛起球性能好。烧毛、剪毛和树脂整理都能有效降低织物的起毛、起球程度。

(五)抗钩丝性能

织物特别是针织物和结构较松的长丝机织物在使用过程中，若遇到尖硬的物体，则织物中的纤维或单丝易被钩出，在织物表面形成丝环；当遇到的物体比较锐利时，则单丝易被钩断，呈毛球状突出于织物表面，这就是织物的钩丝现象。织物抵抗钩丝破坏的能力称为抗钩丝性能。织物产生钩丝，不仅严重恶化其外观，而且影响其手感和耐用性，对于结构疏松的织物要特别注意其抗钩丝性能。

织物抗钩丝性能分为 5 级，“5 级”表示织物抗钩丝性能最好(不易钩丝)，“1 级”表示织物抗钩丝性能最差(很容易钩丝)，可精确至 0.5 级。

一般，针织物比机织物容易钩丝，长丝纱织物比短纤纱织物容易钩丝。对于针织物，线圈长度较长、纵向密度和横向密度较小的容易钩丝，提花织物比平针织物容易钩丝，表面有长浮线的容易钩丝。对于机织物，织物表面的浮长线的长度越长、长浮线越是突出于织物表面，则越容易钩丝，如蜂巢组织的织物等都容易发生钩丝。花式纱线织物，如圈圈线织物，由于纱线本身结构的特点和织物结构特点，容易发生钩丝。

(六)色泽与色牢度

织物的色泽包括色彩和光泽两方面，是服装外观审美的重要指标。织物的色泽受纤维原料、纱线结构、织物结构和染色及后整理工艺等多种因素的影响。此外，绒类织物的色泽还与光线的入射方向有关,在服装排料和裁剪中,应特别加以注意。

有色织物在穿用和保管中由于光、汗、摩擦、洗涤和熨烫等原因会发生褪色或变色现象。织物褪色或变色的程度,可用色牢度来表示。色牢度包括日晒牢度、水洗或皂洗牢度、干湿摩擦牢度、汗渍牢度、熨烫牢度和升华牢度等。上述各项牢度都是在一定的光照条件下,比照标准的褪色和沾色样卡进行评级。除日晒牢度评级为1~8级外,其余按1~5级评定。1级最差,8级或5级最好。

色牢度对服装用织物是非常重要的。对于外衣,色牢度差主要影响服装的外观;对于内衣和婴幼儿服装,色牢度还关系到服装的安全卫生性能,这一点在选择服装和服装材料时需加以注意。

织物的色牢度主要由所用的染料和染色工艺决定。

第二节　服装面料的质地与服装设计

服装面料的质地主要包括面料的肌理、面料的硬挺度、面料的厚薄和面料的光泽等。

一、面料的肌理效果

肌理是指物体表面的纹理。

服装面料的肌理是由纤维、纱线、织物结构和织物后整理这几方面共同决定的。纤细的纤维、细而紧密的纱线、紧密的织物结构和轧光、电光等后整理都使面料细腻、精致的肌理效果得以强化;粗的纤维、粗而紧密的纱线和紧密的织物结构相结合,可以使面料产生粗犷、硬朗的肌理效果。细的纤维、粗而疏松的纱线和疏松的织物结构相结合,可以使面料产生柔软、温暖和惬意的肌理效果(图9-1)。

图9-1　松软而温暖的织物

强捻纱线的不同配合可以使织物表面产生多种绉纹肌理。例如,双绉有细微的绉纹;顺纡绉呈不规则凹凸起伏的直条绉纹;碧绉有细腻如碧波般的绉纹。各种花式纱线的运用,使面料的肌理效果更加丰富多变。例如,竹节纱面料表面呈现自然的有凹凸立体感的不规则花纹;大肚纱可以使面料表面具有粗犷的、云朵般的立体效果(图9-2);圈圈纱面料表面有丰满的圈圈;结子纱面料表面有随机分布的结子。

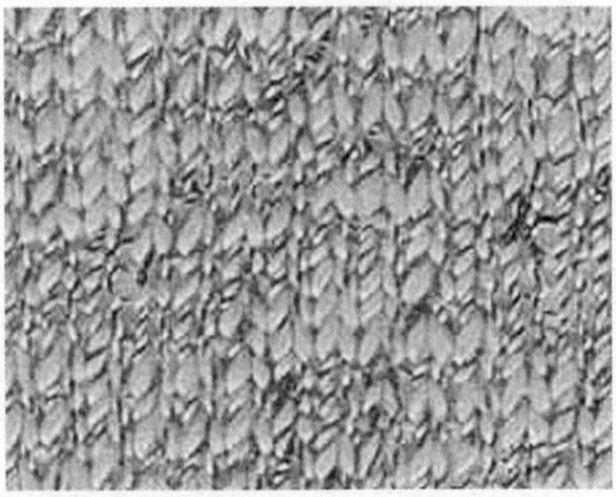

图9-2　大肚纱面料

不同的织物组织使织物表面的肌理千差万别。

如平纹组织的面料表面一般比较平整、光泽柔和；斜纹组织的面料有明显的斜向纹路；缎纹组织的面料一般表面光滑、光泽明亮；蜂巢组织的面料表面有蜂窝状的凹凸；网目组织的面料表面有绣花般的网目效果；假纱组织的面料表面有清晰的孔眼；罗组织的面料表面有成排的孔眼。

织物后整理在塑造织物表面肌理方面作用很大。轧光、电光、烧毛等整理可以使面料表面平整、光滑；拉毛、起绒、割绒等整理可以使面料表面产生多种不同的绒毛效果；轧纹整理可以使面料表面产生各种形状和凹凸感的花纹；烂花处理可以使面料表面产生具有不同透明度和凹凸感的花纹（图9-3）；泡沫印花可以形成凸起的花纹效果；烫金处理可以使面料表面产生富丽的花纹效果。

在设计服装时，设计师应根据服装的风格，选择有合适肌理效果的服装面料，以及在整套服装中，注意不同肌理的面料的协调统一。

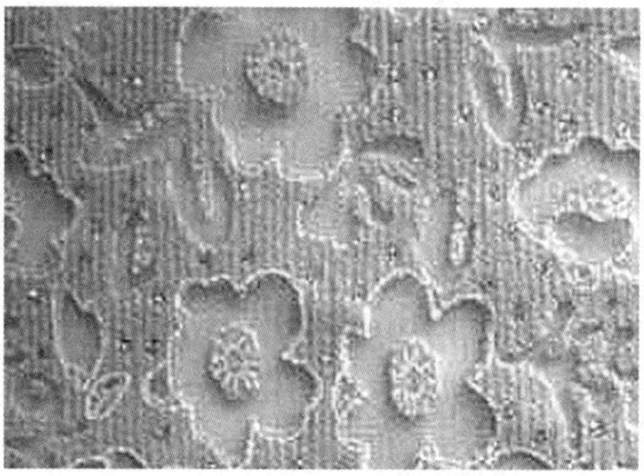

图9-3 烂花织物

二、面料的硬挺度

面料的硬挺度与服装的造型有很大关系。硬挺的面料，如马裤呢、卡其等面料适宜制作造型硬朗的猎装、马裤、茄克等类型的服装（图9-4）；挺括的面料，如驼丝锦、贡呢、啥味呢、凡立丁等精纺面料适宜制作造型干练的制服套装、西服、燕尾服等类型的服装（图9-5）；轻而挺的面料，如塔夫绸等，适合制作有体积感的膨展裙（图9-6）；轻薄而悬垂性好的面料，如双绉、乔其纱、绉缎、乔其绒等面料，适合制作有流畅曲线造型的服装（图9-7）。

图9-4 卡其面料的猎装

图9-5 羊毛精纺面料的西服

图9-6　塔夫绸礼服裙

图9-7　真丝乔其绒晚礼服

三、面料的厚重感

厚重的面料容易使人联想到保暖，轻薄的面料容易使人联想到凉爽。

棉织物中的粗条灯芯绒、粗纺毛织物都是比较厚重类的织物，具有增大形体的作用和良好的保暖作用，适用于深秋和冬季服装和简洁的造型（图9-8）。对于体型肥胖者和过于纤细的体型，此类厚重面料的服装都有突出其缺点的作用。

图9-8　厚重面料适合简洁的服装造型

轻薄的面料，如丝织物中的多数品种，棉织物中的细平布、府绸、巴厘纱、麦尔纱、细纺等，麻织物中的爽丽纱，精纺毛织物中的凡立丁、派力司、薄花呢，涤纶仿丝绸面料，都具有良好的透气性，热阻小，适合用作夏季服装面料。轻薄透明的乔其纱等雪纺面料的连衣裙具有飘逸妩媚的美感（图9-9）。

中厚型的面料，如丝织物中的葛、绨，棉织物中的哔叽、卡其、牛仔布、绒布等，精纺毛织物中的哔叽、啥味呢、华达呢、中厚花呢、驼丝锦等，都具有较好的硬挺度，适合用作春秋季外衣的服装面料。

图 9-9 雪纺面料的连衣裙具有飘逸感

图 9-10 金属光泽面料的夹克衫

四、面料的光泽感

织物对光线的反射能力称为织物的光泽。服装面料的光泽是服装面料视觉风格的重要组成部分。光泽明亮的面料往往给人以富贵、华丽之感；光泽柔和的面料给人以含蓄、典雅之感；而光泽较暗淡的面料又给人以质朴的感觉。

面料的光泽也是由纤维种类、纱线结构、织物结构和织物后整理四方面因素决定的。用无捻有光长丝纱织制的缎类织物光泽最明亮，真丝缎类织物的光泽明亮而悦目，经过电光整理的精梳棉缎和经过电压的精纺贡呢的光泽也比较明亮，强捻纱织物和绉组织织物光泽一般比较暗淡。

光泽明亮的面料适宜于制作晚礼服等社交礼服，在灯光的映照下彰显华丽、高贵的气度。需要注意的是，光泽明亮的面料有增大体积的效果，因此，为体型偏胖的人设计的服装不适合选用这类面料。具有金属光泽的面料给人以科幻和未来世界的感觉，给人比较酷的感觉，也使人产生距离感(图 9-10)。

第三节 服装面料的二次设计

服装面料的二次设计是指运用各种工艺手段对已有的成品面料进行再创造的过程，使面料产生更加丰富的视觉、触觉效果。服装面料二次设计的方法主要有加法设计、减法设计、变形设计、破坏性设计和复合法设计。

一、加法设计

服装面料的加法设计是指在现有面料的基础上，运用车缝、贴布绣、刺绣、粘合等方法，将其他材料添加进来，从而产生新的面料外观和质感。

（一）刺绣

是指用绣花线在面料上进行缝纫，由绣花线线迹形成花纹图案的加工工艺。根据所用设备刺绣分为手绣、机绣和电脑绣；根据绣花线的颜色可分为单色绣和彩色绣；根据线迹又可分为十字绣、链条绣等。刺绣一般应用于表面平整的素色面料，通过刺绣，形成具有立体感的花纹图案，使面料的色彩更丰富（图9-11）。绣花面料给人精致、细腻的感觉，好的刺绣可以提高面料的艺术感染力。（图9-12）

图9-11　刺绣

图9-12　带刺绣的衬衫

（二）绒线绣、绳带绣

是指将不同质感的绒线、绳带，用缝缀的方式连接在面料上，形成花纹图案的工艺。

绒线绣、绳带绣面料因所用的绒线、绳、带的外观的不同而不同，如段染绒线绣面料，色彩斑斓、层次丰富，有较强的装饰感；与面料同色系的绳带绣，色彩含蓄典雅，图案立体感强，使新的面料有独特的肌理效果，增加了艺术感和韵味。

在绒线绣、绳带绣面料的设计中，应注意绒线和绳带与基础面料在质地、色泽、比例等方面的搭配符合美学法则，增加面料的美感。（图9-13）

图9-13　绳带绣面料

（三）亮片绣、珠绣

用缝钉的方式将漂亮的珠子、亮片添加到面料上，形成装饰图案的工艺。

在精致华丽的软缎、丝绒等面料上添加亮片绣、珠绣，运用得当，可以进一步增强高贵、华丽的感觉；牛仔服上应用亮片绣、珠绣，可以起到形成强烈对比，突显青春活力。（图9-14）

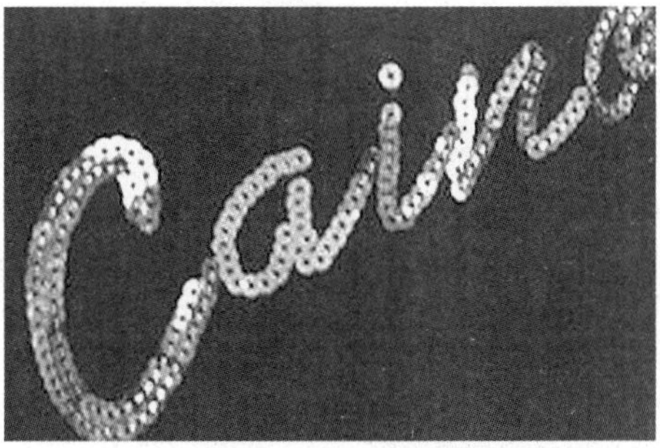

图9-14 亮片绣面料

（四）贴布绣

是一种将其他布料按一定图案剪贴后绣缝到面料上的加工工艺。

贴布绣可以通过形成花纹的面料与基础面料在色泽、质地方面的对比，通过绣线的色泽、线迹和质地的变化，形成风格别致大方、层次丰富、视觉冲击力强的装饰效果。（图9-15）

图9-15 贴布绣T恤衫一角

（五）绗缝绣

是指在带有填充物的面料上绗缝形成花纹图案的工艺。

绗缝绣外观饱满、凹凸明显，有浮雕感，加上绣线的色彩、光泽、粗细的变化和花纹图案的变化，使织物有很强的艺术感。（图9-16）

图9-16 绗缝绣

图9-17 牛仔服装上的缉线装饰效果

（六）缉线

将面料用缉线的方式形成花纹图案的工艺过程。

根据最终的面料风格，可通过设计缉线的粗细、光泽、色彩、排列的疏密和图形，提高面料的艺术感。

缉线比较适宜于素色的基础面料。（图9-17）

（七）拼接

将不同质地、色彩、图案的成品面料，按一定的比例、图形裁剪，然后再通过缝合拼接而成新的面料的加工工艺。

拼接处理使面料的外观色彩更丰富，增加肌理效果（图 9-18）。好的拼接设计，可以产生或温馨、或豪放、或新颖的面料特点。如果设计得不好，拼接也可以使面料产生杂乱、破旧的不良感觉。

图 9-18　拼接面料的礼服裙

图 9-19　手绘图案的 T 恤衫

（八）手绘

在成品面料上手工绘画花纹图案的加工工艺。

手绘面料的主要特点是手绘图案富有个性，画法风格多样，艺术感强。（图 9-19）

（九）扎染

根据所设计的花纹图案需要，通过捆扎、缝扎、折叠等扎结手法将面料的某些部分进行防染，经过染色，仅没有扎紧的部分上染，形成独特的花纹图案的加工工艺。

扎染有单色扎染和彩色扎染之分，图案可抽象也可具象，图案有色晕，给人以朦胧美和飘逸、灵动的美。（图 9-20）

（十）蜡染

根据所设计的花纹图案需要，将蜡熔化后涂布在面料上，然后对整块面料进行染色，着蜡的部分染不上色，形成独特的花纹图案的加工工艺。

蜡染有因涂布的蜡碎裂而形成的特有的冰纹效果，有很强的装饰性，有粗犷、古朴的风格。（图 9-21）

图 9-20 扎染上衣

图 9-21 蜡染 T 恤衫

(十一) 数码印花

将花样图案通过数字形式输入到计算机,通过计算机印花分色描稿系统(CAD)编辑处理,再由计算机控制微压电式喷墨嘴把专用染液直接喷射到纺织品上,形成所需图案。(图 9-22)

运用数码印花,能较好满足消费者穿着或装饰的个性化需求。有人预测,21 世纪数码技术将以最快的速度与网络技术结合,进而实现完全个性化的、一对一的量身定制的经营模式。

由于数码印花是将染液直接装在专用盒中按需喷射在服装面料上,既不浪费,也无废水污染,杜绝了调浆间印花机冲洗而排放的染液,达到印花过程无污染。也省去了胶片、丝网、银筒等材料消耗,既节约,又环保。

图 9-22 数码印花 T 恤衫

二、减法设计

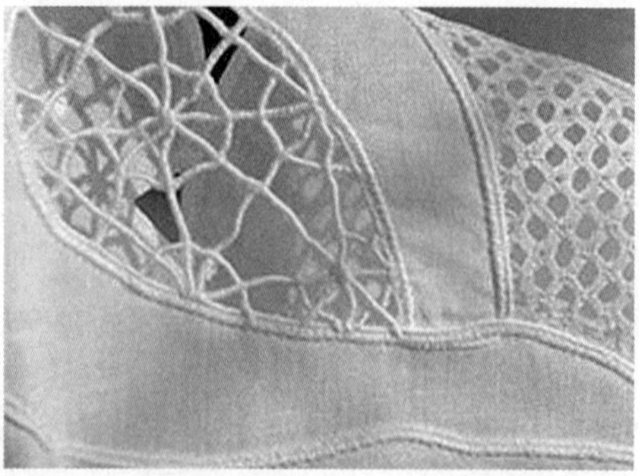

图 9-23 抽纱绣

指通过去掉成品面料的某些部分，例如，镂空、切口、抽纱等，使面料产生新颖的外观的设计方法。

（一）抽纱绣

很有特色的一种刺绣。其绣法是根据设计图案的部位，先在织物上抽上去一定数量的经纱和纬纱，然后利用布面上留下的布丝，用绣线进行有规律的编绕扎结，然后加以连缀，形成透空的装饰花纹图案。

抽纱绣绣面具有独特的网眼效果，典雅精致，玲珑剔透，装饰性很强。（图 9-23）

（二）镂空绣花

镂空绣花属于抽纱的一种。特点是在绣制过程中，先按花纹需要修剪出孔洞，然后在剪出的孔洞里以不同方法绣出多种图案组合，使绣面上既有洒脱大方的实地花，又有玲珑剔透的镂空花，虚实相衬，富有情趣。（图 9-24）

图 9-24 镂空绣花

图 9-25 打孔面料

（三）打孔

按所设计的花型图案在面料上冲压打孔而成。

孔的形状可以是圆形、三角形、五角星等，但一般为比较规则的图案。打孔可以增加面料的透气性，丰富面料的表面肌理，产生光影斑驳的感觉。（图 9-25）

三、变形设计

用缝线或机械设备等方式，使面料发生变形，形成一定的花纹图案和肌理效果的设计方法。

（一）立体刺绣

是用缝纫线在面料反面规定的点上穿过、抽紧、打结，将面料点、点连接，形成凹陷或凸起的立体花纹图案的加工工艺。

织物外观凹陷凸起整齐排列，形成有序的立体花纹图案，面料整体装饰性强。常用于婚纱胸前的立体花纹装饰、时装局部的立体花纹装饰。

（二）扳网

是用不同颜色的缝线在面料上抽褶绣缝，使面料产生皱褶，缝线线迹形成几何纹样的加工工艺。

扳网面料表面肌理感强，彩色缝线线迹形成的网状纹样有较强的装饰效果。扳网面料有一定的延伸性，可用于服装的袖口、胸部，有较好的收缩和衬托形体的作用。（图9-26）

图9-26 扳网在连衣裙中的运用

（三）轧花、轧皱

一类是指利用合成纤维的热塑性能，用一定的机械设备按一定的花型或规律将面料压轧成形，形成永久性的花纹或皱褶的加工方法。另一类是指非合成纤维的面料，通过一定的化学预处理，再用一定的机械设备按一定的花型或规律将面料压轧成形，最后经过化学的定型处理，形成永久性的花纹或皱褶的加工方法。

轧花面料是在平整的面料基础上带有由皱褶形成的花纹，有很强的表面肌理感。（图9-27）

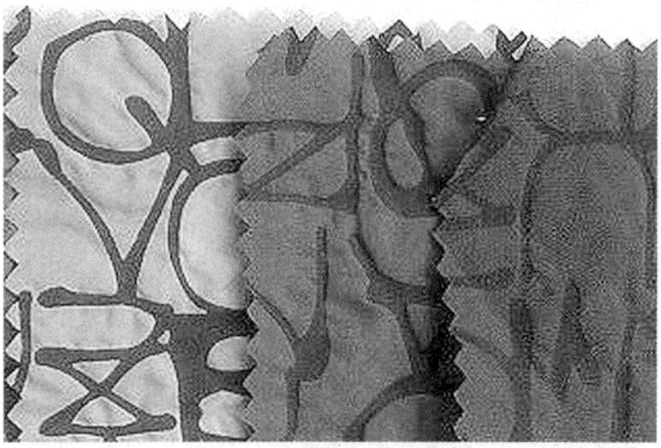

图9-27 轧花面料

图9-28 轧皱面料

轧皱面料则呈现出规律性的看似不规则的皱纹，有自然、随意之感，灵动而不呆板，若皱褶比较硬朗，可以产生有雕塑风格的面料。（图9-28）

四、破坏性设计

通过切割、磨损、钩破、撕破等方法使成品面料产生一定的破旧感的设计方法。

（一）无针刺绣

是对牛仔等厚型或中厚型面料进行的后加工工艺，是按一定的花纹位置将面料的纱线钩断，拉出纱线中的毛羽，在织物表面形成破损感的花纹图案。

织物平整的外观被破坏，出现了不规则毛茸感的花纹，有中国画写意的朦胧感，给人的感觉抽象、模糊、前卫。（图9-29）

图9-29　无针刺绣牛仔裤

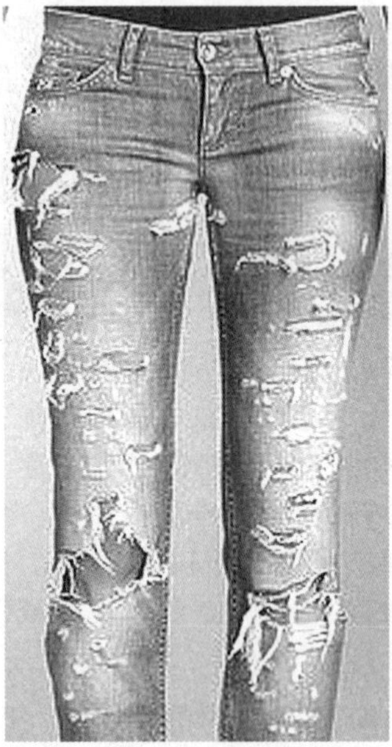

图9-30　经撕破处理的牛仔裤

（二）撕破、毛边

是指将织物的经纬纱线以剪断或者抽去的方式，使织物破损、短缺的加工工艺。

经撕破、拉毛边处理的面料，织物有缺损感、陈旧感、沧桑感，给人标新立异、与传统穿着观念背道而驰的叛逆感觉。（图9-30）

嬉皮士风格服装的面料，常用撕破、拉毛的处理方法；表现颓废风格的牛仔服装，也常使用撕破、拉毛的处理方法。

毛边如果处理得比较精致，则可能产生流苏的效果，而不再具有破旧感。应用时需注意。

五、复合法设计

上述的多种设计方法的不同组合使用，可以使面料产生新颖的外观。如图9-31所示，该款牛仔裤综合运用了刺绣、无针刺绣和贴布绣的设计方法。

图9-31　复合法设计在牛仔裤上的应用

第四节 不同种类服装面料的混合运用

机织面料、针织面料、毛皮和皮革等服装面料各有特色，肌理上有很大的差异，把机织面料、针织面料、毛皮和皮革等服装面料有机地组合起来，把不同材质的特性汇集于一体，在近几年的服装设计中十分流行，能产生多种奇妙的装饰效果。

一、机织面料与针织面料的混合运用

机织面料与针织面料相比，延伸性小，尺寸稳定性好，不容易变形，但机织面料贴身穿着时的舒适性不及针织面料。因此，在服装设计中，可以充分利用两类面料的性能差异和肌理的不同，使服装达到既美观又舒适的效果。

（一）机织面料为主，针织面料为辅

在机织面料短茄克、羽绒服等服装的领口、袖口、下摆等部位，常使用针织面料，既有提高防风性能和保暖性能的作用，也有造型设计的作用。

在腰间、袖肘等处局部运用针织面料，也给人耳目一新的感觉。

在夏季连衣裙的设计中，上身采用针织面料，裙子采用机织面料，既可以提高穿着的舒适性，也可以增加服装外观上的变化。（图 9-32）

图 9-32 机织面料为主搭配针织面料的连衣裙

图 9-33 针织面料为主搭配机织面料的上衣

（二）针织面料为主，机织面料为辅

以针织面料作衣身和袖子材料，机织面料作领子的材料，这样搭配设计的衬衫或毛衣，一件服装好像是两件服装的组合，很有新意。（图 9-33）

二、毛皮面料与纺织面料的混合运用

毛皮和纺织面料的混合运用主要出现在毛皮饰边服装中。合理地搭配毛皮材料和纺织面料,在服装设计中可以起到相得益彰的作用。不同的毛皮材料和纺织面料的组合,可达到多种不同的效果。

(一) 毛皮与绸缎类面料的组合

绸缎类织物具有华丽、富贵的气质,恰好与毛皮的华美和高贵遥相呼应,而绸缎光滑平整的表面与毛皮丰满柔软光滑的纤毛又有鲜明的对比,两者的组合可凸显服装的雍容华贵。服装设计中,一般以高档绸缎类织物为服装大身,珍贵种类的毛皮勾勒轮廓局部的方式。(图 9-34)

图 9-34　毛皮领绸缎礼服

图 9-35　貂皮领呢大衣

(二) 毛皮与毛织物的组合

精纺毛织物光泽柔和,紧密细腻,挺括有形,与毛皮相配,一薄一厚,一实一蓬,富有节奏美;粗纺毛织物肌理粗犷,丰厚多彩,给人以温暖感,与毛皮风格很容易协调。两者的组合可使服装具有一种温文尔雅、端庄贤淑的气质。(图 9-35)

(三) 毛皮在羽绒服等防寒服上的应用

秋冬季穿着的棉服、羽绒服等绗缝服装成衣,常利用各种毛皮来修饰帽沿、领口、袖口、门襟、衣摆等部位,既可以起到防风御寒的作用,也使服装更加美观。(图 9-36)

(四) 毛皮与针织面料的组合

毛皮与针织面料的组合在服装设计中日益受到人们的青睐。针织物弹性好,能够体现出贴合人体的曲线,同时针织物组织结构有着独特的肌理效果,与毛皮饰边的蓬松、扩展的造型,形成强烈的对比，产生非常富有情趣的装饰效果。这类服装设计中，多采用弯形长毛和具有体积感、零碎感的毛皮作饰边。（图9-37）

图9-36 毛皮领羽绒服

图9-37 毛皮饰边的针织衫

（五）毛皮与轻薄透明面料的组合

轻薄透明的雪纺纱、花边等织物是常用的夏季面料，而毛皮具有很好的保暖性，往往用于冬季服装，过去毫不相干的两类服装面料，由于空调的使用和人们追求标新立异的愿望而结合在一起，能产生虚实掩映、飘逸婀娜的效果。（图9-38）

图9-38 雪纺面料和兔毛皮的披肩

（六）毛皮与牛仔布等休闲面料的组合

毛皮与牛仔布的组合，通过选取适当的毛皮种类及取皮部位的散、乱、杂、廉、碎，可以彰显牛仔布的豪放、休闲的风格。（图 9-39）

图 9-39　毛皮领的牛仔上衣

本章小结

本章主要讲述服装材料的性能特点与服装设计的关系，主要包括服装材料的舒适性、耐用性、外观性能、面料的肌理效果、面料的硬挺度、厚重感、光泽感等与服装设计的关系，讲述了服装面料的二次设计的常用方法和不同种类服装面料的混合运用。

思考与练习

1. 试述中学生夏季校服和春秋季校服的款式设计与面料选择。
2. 试述男士春秋季休闲服装的款式设计与面料选择。
3. 试述夏季服装的款式设计与面料选择。
4. 举例说明不同风格服装的面料选择。

参 考 文 献

[1] 朱松文. 服装材料学. 3 版. 北京:中国纺织出版社,2001.
[2] 朱松文. 服装材料学. 2 版. 北京:中国纺织出版社,1996.
[3] 王革辉. 服装材料学. 1 版. 北京:中国纺织出版社,2006.
[4] 周璐瑛. 现代服装材料学. 北京:中国纺织出版社,2000.
[5] 孔繁薏,罗大旺. 中国服装辅料大全. 北京:中国纺织出版社,1998.
[6] 梅自强. 纺织辞典. 北京:中国纺织出版社,2007.
[7] 上海市纺织工业局. 纺织品大全. 北京:中国纺织出版社,1992.
[8]《织物词典》编辑委员会. 织物词典. 北京:中国纺织出版社,1996.
[9] 朱远胜. 服装材料应用. 上海:东华大学出版社,2006.
[10] 刘晓刚. 专项服装设计. 上海:东华大学出版社,2008.
[11] 刘晓刚. 服装设计概论. 上海:东华大学出版社,2008.
[12] 刁梅. 毛皮服装创新设计. 北京:中国纺织出版社,2005.
[13] 宋晓霞. 针织服装设计. 北京:中国纺织出版社,2006.
[14] 张祖芳,濮微. 服装面料设计. 上海:上海人民美术出版社,2007.

后　　记

服装材料是构成服装的物质基础，对各种服装材料特性的熟悉程度在很大程度上决定了服装设计师的设计水平。随着纺织技术的发展，各种新型的服装材料层出不穷，如果没有扎实的服装材料学的知识，就难以很快地把握这些新材料。

服装材料方面的教材已有很多，到目前为止，针对服装设计专业学生的服装材料教材却很少。本教材努力从服装设计师应该具备的服装材料学知识的角度来阐述服装材料各种特性的成因，以及各种服装面料和辅料的特点，并通过大量的图片来直观地表现这些材料的特点，增加教材的易读性，提高学生的阅读兴趣。同时，本教材也努力保持有关知识的系统性和严谨性，希望使学生对服装材料的基本知识有很好的掌握，对服装材料能够知其然并知其所以然，进而能够根据这些基本知识去认识和把握不断出现的新型服装材料，设计出符合设计意图的服装产品。

在这本教材的编写过程中，得到了服装学院领导、服装设计与工程系领导以及刘晓刚教授的大力支持和帮助，在此深表感谢。在图片和资料收集方面，我的研究生姚琴、张潇月、张元、于媛媛、王爱梅、王芳、徐美玲和张信等同学都给予了一定的协助，在此一并感谢。

作　者